これでわかる理科 小学4年

文英堂編集部　編

JN025253

文英堂

要点チェックカード

5 太陽の高さ (p.13)

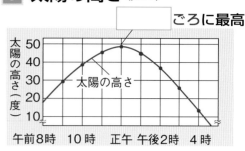

□ごろに最高

太陽の高さ（度）

午前8時　10時　正午　午後2時　4時

1 春のサクラ (p.5)

サクラ（ソメイヨシノ）

はじめに□がさく。

そのあと□が出る。

6 水のじょう発 (p.13)

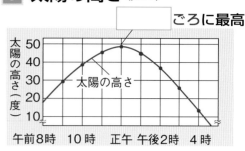

□のほうがはやく□する。

2 子葉と本葉 (p.5)

□

葉（本葉）

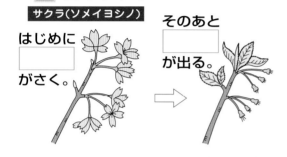

7 百葉箱 (p.14)

□戸

□色

とびらが□

□の上にたててある。

～ m

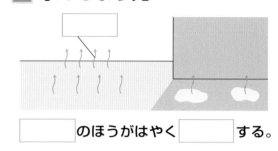

3 気温の変化① (p.13)

□の日

□時ごろ最高

気温（℃）

午前8時　10時　正午　午後2時　4時　6時

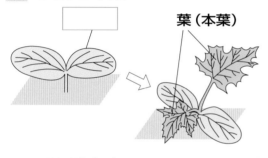

8 電池のつなぎ方 (p.25)

かん電池の□と□をつなぐ。

かん電池の□どうしをつなぐ。

□つなぎ

□つなぎ

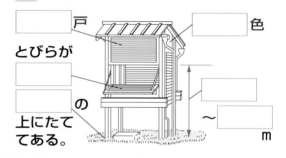

4 気温の変化② (p.13)

□の日

1日中あまり□

□の日

気温（℃）

午前8時　10時　正午　午後2時　4時　6時

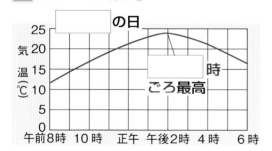

9 直列つなぎ (p.25)

かん電池を□につなぐと，□電流が流れる。

けん流計

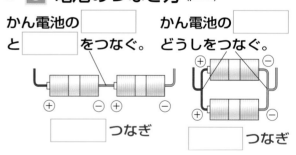

5 太陽の高さ

正午 ごろに最高

太陽の高さ（度）

50
40
30
20
10

太陽の高さ

午前8時　10時　正午　午後2時　4時

カードの使い方としくみ

ミシン目で切り取ってください。リングにとじて使えば便利です。

● カードの表には要点チェックの問題が，カードのうらにはチェック問題の答えと説明がのっています。
● わからなかったり，まちがえたりしたところは，本さつを読み直しましょう。

6 水のじょう発

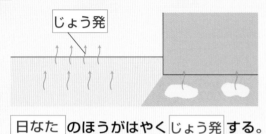

じょう発

日なた のほうがはやく じょう発 する。

1 春のサクラ

サクラ（ソメイヨシノ）

はじめに 花 がさく。

そのあと 葉 が出る。

花が散ったあと

7 百葉箱

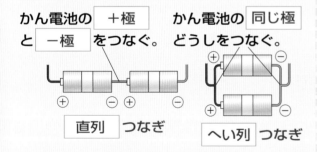

よろい 戸

とびらが 北向き

白 色

しばふ の上にたててある。

1.2 ～ 1.5 m

2 子葉と本葉

子葉

葉（本葉）

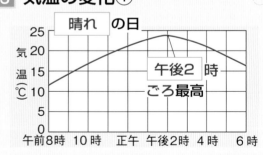

8 電池のつなぎ方

かん電池の ＋極 と ー極 をつなぐ。

かん電池の 同じ極 どうしをつなぐ。

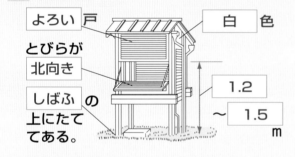

直列 つなぎ

へい列 つなぎ

3 気温の変化①

晴れ の日

気温（℃）

25
20
15
10
5
0

午後2 時 ごろ最高

午前8時　10時　正午　午後2時　4時　6時

9 直列つなぎ

かん電池を 直列 につなぐと，強い 電流が流れる。

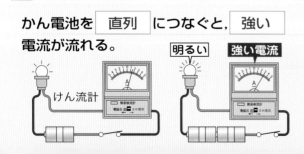

けん流計

明るい

強い電流

4 気温の変化②

くもり の日

1日中あまり 変化しない

気温（℃）

25
20
15
10
5

雨 の日

午前8時　10時　正午　午後2時　4時　6時

10 へい列つなぎ (p.25)

かん電池を ___ につなぐと, 電流の強さは, かん電池1個のときと ___ 。

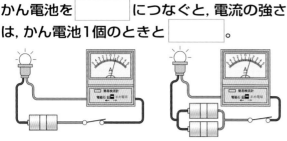

11 夏のサクラ (p.35)

___ 色がこい。

___ の数が多くなる。

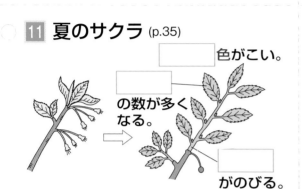

___ がのびる。

12 くきののび (夏) (p.35)

暑くなるとくきは ___ 。

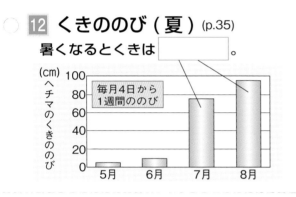

毎月4日から1週間ののび

(cm) ヘチマのくきののび

5月 6月 7月 8月

13 ヘチマの育ち方 (p.35)

ヘチマのめばな　ヘチマの ___

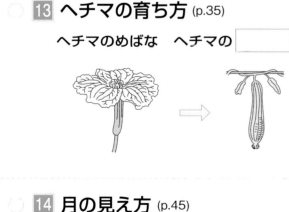

14 月の見え方 (p.45)

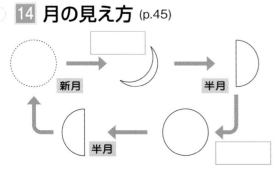

新月　　半月　　半月

15 満月の動き (p.45)

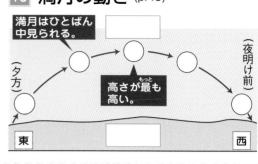

満月はひとばん中見られる。

高さが最も高い。

(夕方)　(夜明け前)

東　　西

16 月の動き (p.45)

月は ___ から出て, ___ へしずむ。

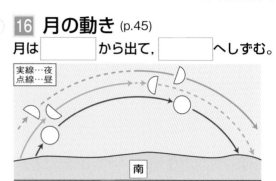

実線…夜
点線…昼

南

17 夏の大三角 (p.55)

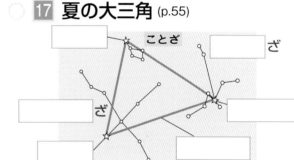

___ ことざ　　___ ざ

___ ざ　　___

___　　___

18 夏の空の星の動き (p.55)

(7月5日)　(午後10時)

はくちょうざ

(午後8時)

デネブ

星のならび方は同じ。

東

はくちょうざはこのあと ___ を通って ___ へと動く。

19 空気のかさと力 (p.65)

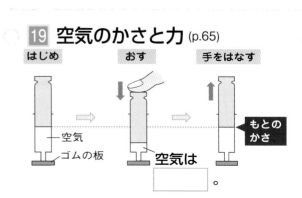

はじめ　おす　手をはなす

もとのかさ

空気　ゴムの板

空気は ___ 。

15 満月の動き

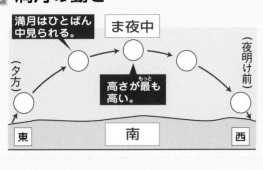

満月はひとばん中見られる。

ま夜中

高さが最も高い。

（夕方）　（夜明け前）

東　南　西

10 へい列つなぎ

かん電池を へい列 につなぐと, 電流の強さは, かん電池1個のときと 同じ 。

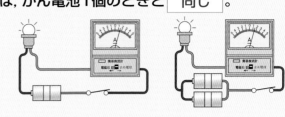

16 月の動き

月は 東 から出て, 西 へしずむ。

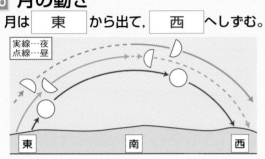

実線…夜
点線…昼

東　南　西

11 夏のサクラ

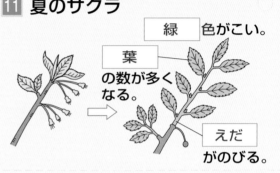

緑 色がこい。

葉 の数が多くなる。

えだ がのびる。

17 夏の大三角

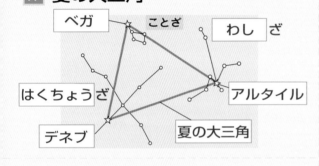

ベガ

ことざ

わし ざ

はくちょうざ

アルタイル

デネブ

夏の大三角

12 くきののび (夏)

暑くなるとくきは よくのびる 。

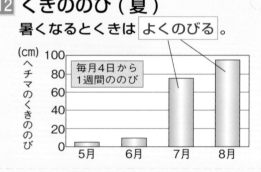

毎月4日から1週間ののび

(cm)
ヘチマのくきののび

5月　6月　7月　8月

18 夏の空の星の動き

(7月5日)

（午後10時）

はくちょうざ

（午後8時）

星のならび方は同じ。

デネブ

東

はくちょうざはこのあと ま上(南) を通って 西 へと動く。

13 ヘチマの育ち方

ヘチマのめばな　ヘチマの 実

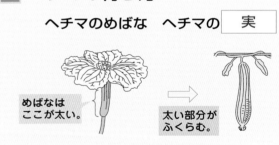

めばなはここが太い。

太い部分がふくらむ。

19 空気のかさと力

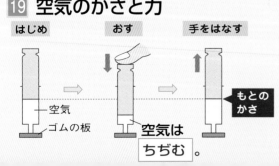

はじめ　おす　手をはなす

もとのかさ

空気

ゴムの板

空気は ちぢむ 。

14 月の見え方

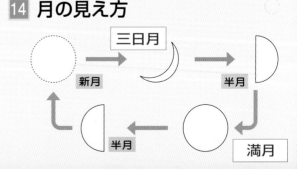

三日月

新月

半月

半月

満月

20 水のかさと力 (p.65)

はじめ　　おす　　　　手をはなす

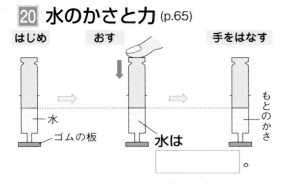

水
ゴムの板
もとのかさ

水は

□。

21 空気でっぽう (p.65)

前玉　　　あと玉
おす

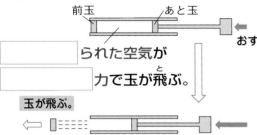

□られた空気が

□力で玉が飛ぶ。

玉が飛ぶ。

22 カマキリの産らん (p.77)

カマキリ

このあわの中
にたくさんの

□が入っている。

23 くきののび (秋)(p.77)

秋になるとくきはあまり□。

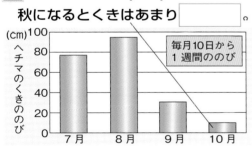

(cm) 100
ヘチマのくきののび
80
60
40
20
0

毎月10日から
1 週間ののび

7月　8月　9月　10月

24 関節のしくみ (p.87)

関節のしくみ

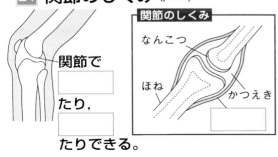

なんこつ

ほね

かつえき

関節で

□たり,

□たりできる。

25 きん肉のつき方 (p.87)

きん肉は□によって
ほねとつながっている。

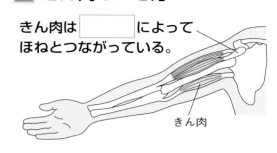

きん肉

26 きん肉のはたらき (p.87)

うでを曲げるとき　　　うでをのばすとき

うでを曲げる
きん肉が□。

□。

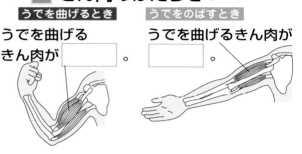

27 温度と体積の変化 (p.95)

体積が□
なる。　　体積が□なる。

せっけん水のまく

湯　　空気　　氷水

あたためる　　冷やす

28 体積の変化の大きさ (p.95)

体積の変化が□

体積の変化が□

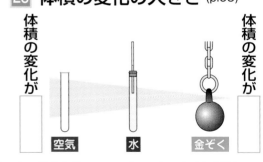

空気　　水　　金ぞく

29 冬のサクラ・イチョウ (p.111)

冬になると, サクラやイチョウは□
をおとす。

サクラ　　　　イチョウ

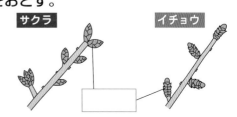

25 きん肉のつき方

きん肉は けん によって
ほねとつながっている。

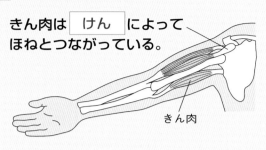

きん肉

20 水のかさと力

はじめ　　　　おす　　　　　　　手をはなす

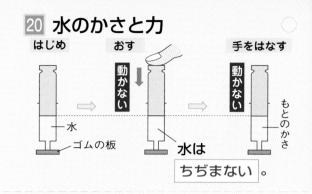

動かない　　　　　　動かない

水　　　もとのかさ

ゴムの板

水は ちぢまない 。

26 きん肉のはたらき

うでを曲げるとき　　うでをのばすとき

うでを曲げる
きん肉が ちぢむ 。

うでを曲げるきん肉が
のびる 。

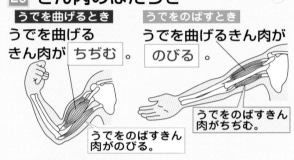

うでをのばすきん
肉がのびる。

うでをのばすきん
肉がちぢむ。

21 空気でっぽう

前玉　　　　　あと玉

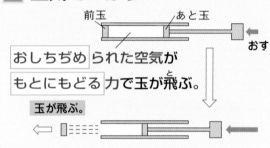

おす

おしちぢめ られた空気が

もとにもどる 力で玉が飛ぶ。

玉が飛ぶ。

27 温度と体積の変化

体積が 大きく
なる。

体積が 小さく なる。

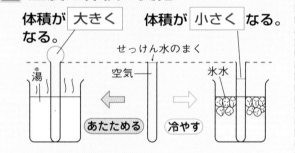

せっけん水のまく

湯　　空気　　　　氷水

あたためる　　冷やす

22 カマキリの産らん

カマキリ

このあわの中
にたくさんの
たまご
が入っている。

28 体積の変化の大きさ

体積の変化が 大きい

体積の変化が 小さい

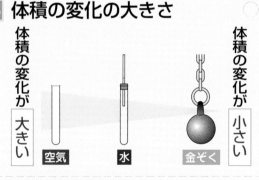

空気　　水　　金ぞく

23 くきののび（秋）

秋になるとくきはあまり のびない 。

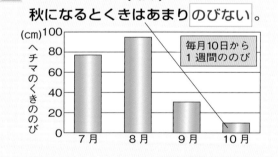

(cm) 100
ヘ　80
チ　60
マ　40
の　20
く　0
き　　　7月　8月　9月　10月
の
の
び

毎月10日から
1週間ののび

29 冬のサクラ・イチョウ

冬になると, サクラやイチョウは 葉
をおとす。

サクラ　　　イチョウ

冬芽

24 関節のしくみ

関節のしくみ

関節で
折り曲げ
たり,
まわし
たりできる。

なんこつ

ほね

かつえき

じん帯

30 冬の動物のくらし① (p.111)

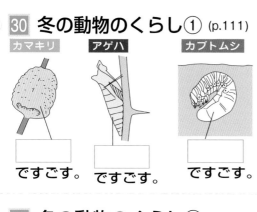

カマキリ

アゲハ

カブトムシ

　　　　　　ですごす。　　　　　ですごす。　　　　　ですごす。

31 冬の動物のくらし② (p.111)

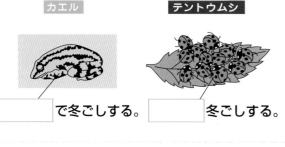

カエル

テントウムシ

　　　　　で冬ごしする。　　　　　冬ごしする。

32 冬の大三角 (p.119)

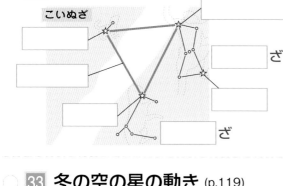

こいぬざ

　　　　　ざ

　　　　　ざ

33 冬の空の星の動き (p.119)

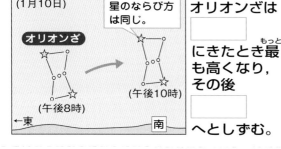

(1月10日)

星のならび方は同じ。

オリオンざ

(午後8時)　　　(午後10時)

←東　　　　　　　　南

オリオンざは

　　　　　にきたとき最も高くなり，その後

　　　　　へとしずむ。

34 カシオペヤざの動き (p.119)

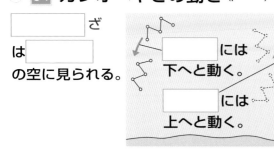

　　　　　ざ

は　　　　　の空に見られる。

　　　　　には下へと動く。

　　　　　には上へと動く。

35 水をあたためたときの変化 (p.127)

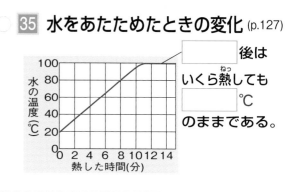

水の温度(℃)

熱した時間(分)

　　　　　後はいくら熱しても

　　　　　℃のままである。

36 水じょう気と湯気 (p.127)

(見えない)　(白く見える)　(見えない)

水じょう気は冷えると　　　　　になる。

37 コップの水てき (p.127)

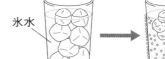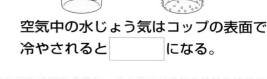

氷水　　　　　　　　　　　水てき

空気中の水じょう気はコップの表面で冷やされると　　　　　になる。

38 水を冷やしたときの変化 (p.127)

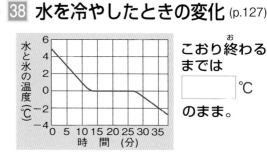

水と氷の温度(℃)

時間(分)

こおり終わるまでは　　　　　℃のまま。

39 水のすがたの変化 (p.127)

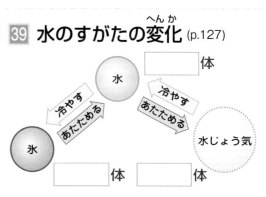

水

冷やす

あたためる

冷やす

あたためる

水じょう気

氷

　　　　　体

　　　　　体　　　　　体

35 水をあたためたときの変化

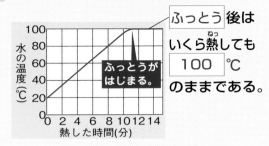

ふっとう後は
いくら熱しても
100 ℃
のままである。

ふっとうがはじまる。

36 水じょう気と湯気

水じょう気（見えない）　湯気（白く見える）　水じょう気（見えない）

水じょう気は冷えると 湯気 になる。

37 コップの水てき

氷水　水てき

空気中の水じょう気はコップの表面で
冷やされると 水 になる。

38 水を冷やしたときの変化

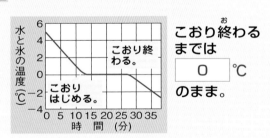

こおり終わる
までは
0 ℃
のまま。

こおり終わる。
こおりはじめる。

39 水のすがたの変化

えき 体
水
冷やす　冷やす
あたためる　あたためる
氷　水じょう気
固 体　気 体

30 冬の動物のくらし①

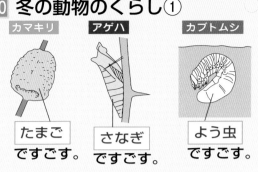

カマキリ　アゲハ　カブトムシ

たまご
ですごす。
さなぎ
ですごす。
よう虫
ですごす。

31 冬の動物のくらし②

カエル　テントウムシ

土の中 で冬ごしする。　集まって 冬ごしする。

32 冬の大三角

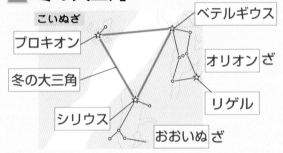

こいぬざ
プロキオン
冬の大三角
シリウス
ベテルギウス
オリオン ざ
リゲル
おおいぬ ざ

33 冬の空の星の動き

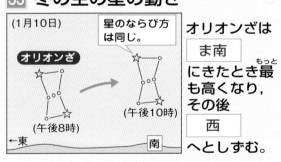

（1月10日）
星のならび方は同じ。
オリオンざ
（午後8時）　（午後10時）
←東　南

オリオンざは
ま南
にきたとき最も高くなり，
その後
西
へとしずむ。

34 カシオペヤざの動き

カシオペヤ ざ
は 北
の空に見られる。

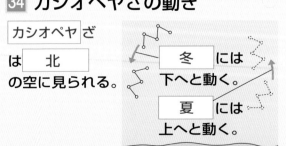

冬 には
下へと動く。
夏 には
上へと動く。

この本の とく色と 使い方

この本は，全国の小学校・じゅくの先生やお友だちに，"どんな本がいちばん役に立つか"をきいてつくった参考書です。

❶ 教科書にピッタリとあっている。

❷ たいせつなこと(要点)が，わかりやすく，ハッキリ書いてある。

❸ 教科書のドリルやテストに出る問題が，たくさんのせてある。

❹ 問題の考え方が，親切に書いてあるので，実力が身につく。

❺ カラー写真や図・表がたくさんのっているので，楽しく勉強できる。中学入試にも利用できる。

この本の組み立てと使い方

教科書のまとめ

● その章で勉強するたいせつなことをまとめてあります。

▷ 学校で勉強する前や勉強したあとにくり返し見て，覚えるようにしておきましょう。

本 文

● 教科書で勉強することを，順番に，わかりやすく，くわしく説明してあります。

▷ みなさんがぎ間に思うことに，3つの答えをのせています。どれが正しいのかを考えてから，説明を読みましょう。

▷「もっとくわしく」「なぜだろう」では，教科書に書いてあることをさらにくわしくし，わかりやすく説明してあります。

▷「たいせつポイント」はテストに出やすいたいせつなポイントです。必ず覚えましょう。

問 題

教科書のドリル

テストに出る問題

● たくさんの問題をのせて，問題練習がじゅうぶんにできるようにしてあります。

▷「教科書のドリル」は勉強したことをたしかめるための問題です。まちがえた所は，もう一度本文を見直しましょう。

▷「テストに出る問題」は，学校のテストなどによく出る問題ばかりです。時間を決めて，テストの形で練習しましょう。

なるほど科学館

● みなさんがきょう味のあることや，知っているとためになることをまとめました。

▷ 図や写真をたくさんのせて，わかりやすく説明してあります。理科の勉強の楽しさがわかります。

もくじ

もくじ

1 生き物の春のくらし

教科書のまとめ

★ サクラ（ソメイヨシノ）は，先に花がさいて，そのあと葉が出てくる。

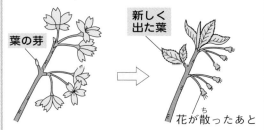

葉の芽

新しく出た葉

花が散ったあと

★ イチョウやアジサイなどの木の葉の芽から，新しい葉が出る。

イチョウ

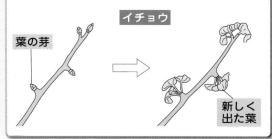

葉の芽

新しく出た葉

★ カマキリがたまごからかえる。アゲハがみつをすう。

カマキリ

アゲハ

たまご

よう虫

★ ツバメが南の国からやってきて，巣をつくり，たまごをうむ。

巣をつくる親ツバメ

★ ヘチマやツルレイシは，子葉が出て，そのあと新しい葉が出る。

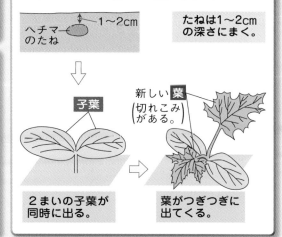

ヘチマのたね

1〜2cm

たねは1〜2cmの深さにまく。

子葉

新しい葉（切れこみがある。）

2まいの子葉が同時に出る。

葉がつぎつぎに出てくる。

5

1 植物や動物のようす

1 考えよう 春のサクラの花や葉のようすで，正しいのはどれですか。

正しいのは？

Ⓐ 葉が出そろってから，花がさく。

Ⓑ 花がさき終わったころ，葉が出てくる。

Ⓒ 葉が出てくるときに，花もさく。

サクラ

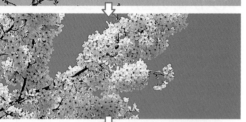

観察 サクラ（ソメイヨシノ）の花のさき方や葉の出方を観察しましょう。

🔵 春になってあたたかくなると，サクラの花がさきます。**サクラ（ソメイヨシノ）**は，まず花がさきます。サクラの花は，さきはじめてから10日ほどで満開になります。

🔵 花が散りはじめるころ，えだのところどころから，黄緑色の葉の芽がのびはじめます。そして，それぞれの葉が大きくなり，つぎつぎと新しい葉が出て，木全体が葉でおおわれます。

🔵 えだの先から新しいえだが出て，のびていきます。新しいえだは緑色です。　　答 Ⓑ

2 考えよう 春のころのイチョウやアジサイのようすは，どのようですか。

正しいのは？

Ⓐ 葉が少し出はじめている。

Ⓑ 花をさかせたり，実をつけたりしている。

Ⓒ 葉をすっかり落としている。

春のころのイチョウ

冬のころ

🔵 あつい皮でつつまれた葉の芽（これを**冬芽**という）で冬をこした**イチョウ**や**アジサイ**は，春になってあたたかくなると，皮をやぶって葉を出します。

🔵 葉は大きくなるとともに，まい数もふえていくので，やがて木全体が葉でおおわれるようになります。　　答 Ⓐ

3 考えよう ツユクサの芽は，どんなふうに出るのだろうか。

正しいのは？

Ａ アサガオと同じように葉が２まい出る。

Ｂ 葉が１まいの芽が出る。

Ｃ 葉が何まいもいっぺんに出る。

● 春に，たねから芽を出して成長し，花をさかせ，秋になるとたねができてかれてしまう植物を一年草といいます。

● 一年草には，アサガオやオクラ・ヒマワリ・ヘチマ・ツルレイシ・ツユクサなどがあります。

● これらの一年草のうち，ツユクサは葉が１まいの芽を出し，アサガオやオクラなどは葉が２まいの芽（ふた葉）を出します。 答 Ｂ

ツユクサの発芽

ツユクサの花

ツユクサは，夏に青い花をさかせるよ。

植物や動物が１年間にどのように成長していくのかを調べるときには，観察カードをつくります。観察カードをつくるときには，次のことに注意します。

観察カードのつくり方

❶ 観察した植物や，動物の名前を書く。

❷ 観察した場所と，月日，時こく，天気，空気の温度を書く。（空気の温度は，えきだめに日光が当たらないように，1.2～1.5mの高さで，日よけをしてはかる）

❸ 観察したものを絵や写真にして表し，気づいたことをかく。

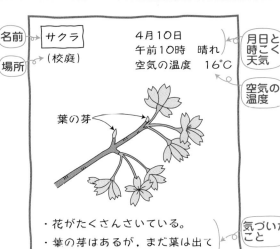

名前 → サクラ

場所 → （校庭）

4月10日
午前10時　晴れ
空気の温度　16℃

月日と時こく，天気

空気の温度

葉の芽

・花がたくさんさいている。
・葉の芽はあるが，まだ葉は出ていない。

気づいたこと

たいせつポイント　サクラ（ソメイヨシノ）{ 春になると，まず花がさく。
花が散るころ，葉が出る。

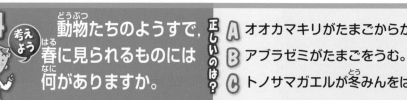

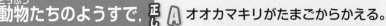

4 考えよう 動物たちのようすで，春に見られるものには何がありますか。

正しいのは？

A オオカマキリがたまごからかえる。

B アブラゼミがたまごをうむ。

C トノサマガエルが冬みんをはじめる。

みつをすう
アゲハ

たまごからかえる
オオカマキリ

🔵 アゲハやモンシロチョウが花にきて，みつをすっています。

🔵 オオカマキリやエンマコオロギは，たまごからよう虫がかえります。

🔵 バラのえだでは，テントウムシがアブラムシを食べています。

🔵 池や小川では，トノサマガエルがたまごをうんでいます。たまごは1週間ほどでかえり，おたまじゃくしがうまれます。　答 A

5 考えよう 春のころ，ツバメはどんなことをしていますか。

正しいのは？

A 巣をつくり，たまごをうむ。

B 南の国へ帰りはじめている。

C このころ，日本では見られない。

巣をつくる親ツバメ

🔵 春になってあたたかくなると，南の国からツバメがやってきます。そして，どろとかれ草を使って巣をつくります。

🔵 巣ができると，親ツバメは交びをし，3～7このたまごをうみます。そして，たまごをだいてあたため，ひなをかえします。

🔵 ひながかえると，親ツバメはえさ（虫など）をとってきて，ひなにあたえます。　答 A

たいせつポイント 春の動物のようす

カマキリやコオロギがたまごからかえる。

ツバメが南の国からやってきて，たまごをうむ。

2 ヘチマやツルレイシのたねまき

1 考えよう ヘチマのたねは，どれくらいの深さにまくのがよいのでしょう。

正しいのは？

Ａ 土にうめないで，まく。

Ｂ 1〜2cmくらいの深さにまく。

Ｃ 10cmくらいの深さにまく。

🔵 ヘチマのたねは，春，よくたがやした花だんにまきます。たねをまく深さは1〜2cmです。水をやると，たねは2週間ほどで芽を出します。

🔵 ツルレイシやヒョウタンのたねまきも同じようにします。　答 **Ｂ**

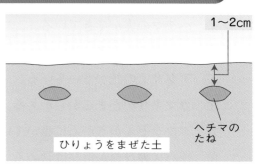

1〜2cm

ひりょうをまぜた土

ヘチマのたね

もっとくわしく なえの植えかえ…たねを，ビニルポットなどにまく場合，葉が5〜6枚になってから花だんに植えかえます。なえを植えかえるときは，土をつけたまま根をいためないようにします。

なえを植えかえるときは，なえの下にひりょうを入れるんだよ。

2 考えよう ヘチマのたねからは，どのような芽が出てきますか。

正しいのは？

Ａ まず，切れこみのある葉が1まい出る。

Ｂ まず，子葉が出る。

Ｃ 子葉と切れこみのある葉がいっしょに出る。

🔵 ヘチマのたねからは，まず，だ円形をした子葉が2まい出てきます。

🔵 やがて，子葉の間から深い切れこみのある新しい葉（本葉）が出てきます。そして，つぎつぎに新しい葉が出てきて，それにつれて草たけも高くなっていきます。

🔵 ツルレイシとヒョウタンも，ヘチマと同じような育ち方をします。　答 **Ｂ**

子葉

ヘチマ

新しい葉

ツルレイシ

たいせつポイント　ヘチマ { たねは 1〜2cm の深さにまく。
子葉が出て，そのあと新しい葉がつぎつぎと出る。

教科書のドリル

答え → 別さつ2ページ

❶ 次のア〜キから，春の生き物のようすをあらわしているものを2つ選び，記号を書きなさい。

（　　）（　　）

ア　ヒマワリの花がさいている。

イ　ヘチマの実ができている。

ウ　サクラの花がさいている。

エ　アジサイの花がさいている。

オ　カマキリがたまごからかえる。

カ　アブラゼミがさかんに鳴いている。

キ　ツバメのひなが飛びはじめる。

❷ 次にしめした図は，あるときのサクラのえだのようすをかいたものです。これについて，あとの問いに答えなさい。

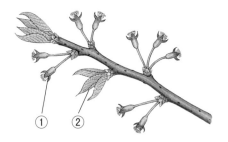

(1)　①は何ですか。次のア〜エから正しいものを1つ選び，記号で答えなさい。

（　　）

ア　花のつぼみ

イ　花が散ったあと

ウ　これから出てくる葉

エ　葉が落ちたあと

(2)　②は葉です。この葉は，これからどうなりますか。次のア〜ウから正しいものを1つ選びなさい。　（　　）

ア　まもなくかれてしまう。

イ　大きく育っていく。

ウ　このままで変わらない。

❸ 次の動物について，あとの問いに答えなさい。

ア　アゲハ　　　イ　オビカレハ

ウ　スズメ　　　エ　テントウムシ

オ　ツバメ　　　カ　トノサマガエル

(1)　上の動物のうち，おもにアブラムシを食べて生活しているものを1つ選び，記号を書きなさい。　（　　）

(2)　上の動物のうち，春になってあたたかくなると，南の国から日本にやってくるものを1つ選び，記号を書きなさい。

（　　）

❹ ヘチマのたねまきと芽ばえについて，次の問いに答えなさい。

(1)　たねをまく深さは，何cmくらいですか。次の（　）にあてはまる数字を書きなさい。

（　　〜　　cmくらい）

(2)　ヘチマの芽が出たとき，はじめに出るだ円形の2まいの葉を，何といいますか。　（　　　　）

1 次のア〜カから，春の生き物のようすについて書いたものを2つ選び，記号を書きなさい。
[10点ずつ…合計20点] 〔　　　〕〔　　　〕

ア　サクラの木にアブラゼミが止まり，さかんに鳴いている。

イ　夕方になると，エンマコオロギが鳴きはじめる。

ウ　オオカマキリがたまごからかえる。

エ　ツバメが南の国へわたっていく。

オ　トノサマバッタがたまごをうんでいる。

カ　アゲハが花に来て，みつをすっている。

2 右の図は，花がさいているサクラのえだをかいたものです。この図について，次の問いに答えなさい。
[12点ずつ…合計60点]

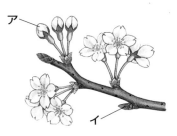

(1)　花のつぼみは，図中のア，イのうちのどちらですか。
〔　　　〕

(2)　葉の芽は，図中のア，イのうちのどちらですか。
〔　　　〕

(3)　図のサクラはこれからどのようになっていきますか。次の①〜③について，正しいものには○，まちがっているものには×を書きなさい。

①　花が散るころに葉が出はじめ，大きくなっていく。
〔　　　〕

②　花は，葉がしげるころまでさいている。
〔　　　〕

③　えだの先から新しいえだが出て，のびていく。
〔　　　〕

3 ヘチマの芽が出たときのようすについて，次の問いに答えなさい。
[10点ずつ…合計20点]

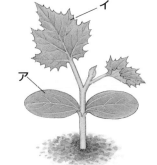

(1)　右の図は，ヘチマの芽が出たときのようすをかいたものです。アは何とよばれていますか。
〔　　　〕

(2)　これから数がふえていくのは，アの葉ですか，イの葉ですか。
〔　　　〕

ヘチマの
まきひげ

▷ ヘチマはつるになって，どんどんのびていくので，かならずささえのぼうやヘチマだなをつくらなければなりません。そのとき，ヘチマのくきとささえのぼうをつなぐやくをしているのが，まきひげです。

▷ ヘチマのまきひげは，くきから変(か)わったものです。まきひげは，つるまきばねのようになっていて，のびちぢみできるので，切(き)れにくくなっています。

ツバメの
わたり

▷ ツバメは，3月から4月いっぱいにかけて南(みなみ)の国(くに)から日本にわたって来て，9月から10月にかけて，また南の国へ帰(かえ)っていきます。つまり，夏(なつ)の間(あいだ)だけ日本にいるので，夏鳥(なつどり)とよばれています。

▷ わたってくる日は南の地方(ちほう)ほど早く，南の国へ帰っていく日は北(きた)の地方ほど早くなります。そのため，ツバメが見られる期間(きかん)は，南の地方のほうが長(なが)いわけです。

南の国へ帰る日が近いツバメたち

2 気温の変化と水のゆくえ

教科書のまとめ

☆ 晴れの日は気温の変化が大きく，グラフは山の形になる。

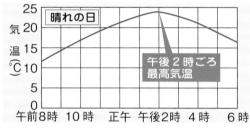

晴れの日

気温（℃）
25 20 15 10 5 0

午前8時 10時 正午 午後2時 4時 6時

午後2時ごろ最高気温

☆ 日光であたためられた地面の熱が空気へ伝わり，気温が上がる。

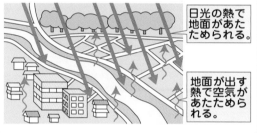

日光の熱で地面があたためられる。

地面が出す熱で空気があたためられる。

☆ 雨の日やくもりの日は，気温の変化が小さい。

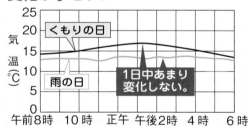

くもりの日

気温（℃）
25 20 15 10 5 0

午前8時 10時 正午 午後2時 4時 6時

雨の日

1日中あまり変化しない。

☆ 雨水は高いところから低いところへと流れていく。

☆ 太陽の高さは，気温よりも少し早く，正午ごろに最高になる。

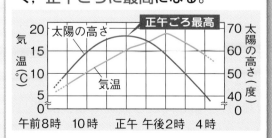

太陽の高さ

正午ごろ最高

気温（℃）
20 15 10 5 0

気温

太陽の高さ（度）
70 60 50 40 0

午前8時 10時 正午 午後2時 4時

☆ 水は，表面から水じょう気となってじょう発し，空気中へ出ていく。

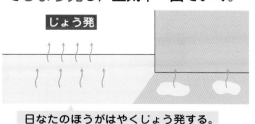

じょう発

日なたのほうがはやくじょう発する。

天気と気温の変化

考えよう 気温をはかるときは,どのような所ではかるのがよいでしょうか。

正しいのは?

Ⓐ 風通しのよい日かげではかるのがよい。

Ⓑ 風通しのよい日なたではかるのがよい。

Ⓒ 風通しの悪い日なたではかるのがよい。

百葉箱

最高・最低温度計
記録温度計
しつ度計

百葉箱の中のようす

● 気温は,次のじょうけんではかります。

① 風通しのよい所ではかる。

② 直しゃ日光が温度計に当たらないようにしてはかる。

③ 地面から1.2〜1.5mの高さではかる。

● これらのじょうけんを満たしているのが百葉箱で,地面からのてり返しを少なくするために,しばふの上にたててあります。中にある記録温度計で,1日の気温の変化をはかれます。

答 Ⓐ

考えよう よく晴れた日の昼間の気温は,どのように変化するでしょうか。

正しいのは?

Ⓐ だんだん低くなり,正午ごろ最低になる。

Ⓑ 1日中,あまり変化しない。

Ⓒ だんだん高くなり,午後2時ごろ最高になる。

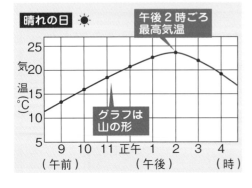

晴れの日 ☀

午後2時ごろ最高気温

気温(℃)
25
20
15
10
5

9 10 11 正午 1 2 3 4 (時)
(午前) (午後)

グラフは山の形

 観察 晴れた日の午前9時から午後4時まで1時間ごとに気温をはかり,結果をグラフにします。

● よく晴れた日の気温の変化は,左のグラフのように,山の形になります。

● 気温は午前中から昼すぎにかけてだんだん上がり続け,午後2時ごろ最高になります。その後はだんだん低くなります。

答 Ⓒ

3 考えよう 雨の日やくもりの日の気温はどのように変化するでしょうか。

正しいのは？
A 1日中あまり変化しない。
B 晴れの日と同じように，だんだん高くなる。
C 晴れの日とはぎゃくに，だんだん低くなる。

観察 雨の日とくもりの日の午前9時から午後4時まで，1時間ごとに気温をはかり，グラフに表します。

● 雨の日やくもりの日の気温の変化は，右のグラフのようになります。これを見ると，雨の日やくもりの日は，気温があまり変化しないことがわかります。これは，空が雲におおわれて日光がさえぎられるからです。

答 **A**

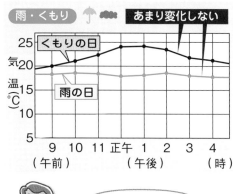

晴れの日とはまったくちがうよね。

4 考えよう 晴れの日に，気温が最も低くなるのはいつごろでしょうか。

正しいのは？
A 夕方，太陽がしずんですぐのころ。
B 夜，12時ごろ。
C 朝方，日の出前のころ。

● 晴れの日には，朝，日の出の前に最低気温となり，午後2時ごろに最高気温となります。
● くもりや雨の日には，最低気温や最高気温になる時こくは決まっていません。
● 最高気温と最低気温の差が晴れの日は大きく，くもりや雨の日は小さくなります。

答 **C**

たいせつポイント **気温の変化** ｛ 晴れの日は変化が大きく，グラフが山の形になる。
雨やくもりの日は，あまり変化しない。

2 太陽の高さと気温の変化

考えよう 1 太陽の高さと気温は,どちらが先に最高になるでしょうか。

正しいのは?

Ⓐ 気温のほうが先に最高になる。

Ⓑ 太陽の高さのほうが先に最高になる。

Ⓒ 最高になる時こくは,ほとんど同時。

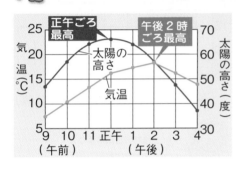

● よく晴れた日の1日の気温と太陽の高さの変化のようすは,左のグラフのようになります。

● まず,太陽の高さが正午ごろ最高になり,少しおくれて午後2時ごろ気温が最高になります。

● 太陽の高さが高くなるほど,地面は多くの熱を受けて,あたたまります。

答 Ⓑ

考えよう 2 気温はどのようにして高くなるでしょうか。

正しいのは?

Ⓐ 日光の熱が,地面から空気へと伝わって高くなる。

Ⓑ 日光の熱が,直せつ空気へと伝わって高くなる。

Ⓒ まわりの木やたて物がもつ熱が空気に伝わる。

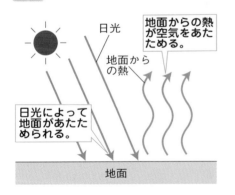

● 気温が上がるのは,まず,日光によって地面があたためられ,あたためられた地面から熱が出て,その熱によって空気があたためられるからです。

● あたためられた地面からの熱によって空気があたたまるまで時間がかかるので,太陽の高さよりおくれて気温が最高になります。

答 Ⓐ

たいせつポイント 気温 {
午後2時ごろ,太陽の高さよりあとに最高になる。
日光による熱が,地面→空気へと伝わって上がる。
}

教科書のドリル

答え → 別さつ3ページ

❶ 気温をはかるじょうけんとして正しいものを，次のア～カから3つ選びなさい。

(　)(　)(　)

ア　風通しのよい所ではかる。

イ　風通しの悪い所ではかる。

ウ　日光を温度計に直せつ当ててはかる。

エ　日光が温度計に直せつ当たらないようにしてはかる。

オ　なるべく地面に近い所ではかる。

カ　地面から 1.2 ～ 1.5m はなれた所ではかる。

❷ 下のグラフは，ある晴れた日，くもりの日，雨の日の気温の変化を表したものです。あとの問いに答えなさい。

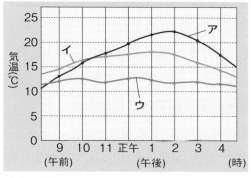

(1)　晴れた日の気温の変化を表しているのはどのグラフですか。ア～ウから選びなさい。　　(　)

(2)　雨の日の気温の変化を表しているのはどのグラフですか。ア～ウから選びなさい。　　(　)

❸ 下のグラフは，ある晴れた日の気温と太陽の高さの変化を表したものです。あとの問いに答えなさい。

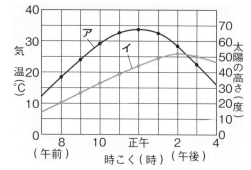

(1)　アとイのグラフは，それぞれ何の変化を表していますか。

ア(　　)イ(　　)

(2)　この日に太陽の高さが最も高くなったのはいつですか。　　(　　)

(3)　この日の気温が最も高くなったのは何時ごろですか。　(　　)

❹ 次の文の(　)にあてはまることばを書きなさい。

(1)　晴れの日には，①(　　　)のころに気温が最も低くなり，②(　　　)時ごろに気温が最も高くなる。

(2)　気温が上がるのは，日光によってまず③(　)があたためられ，その③(　)からの熱によって空気があたためられるからである。

(3)　晴れの日には，気温の変化が④(　)。これに対して，雨の日や，くもりの日の気温の変化は⑤(　)。

③ 雨水のゆくえ

考えよう ① 雨がふったとき，雨水は地面をどのように流れていくのでしょうか。

正しいのは？

- **A** 高い場所から低い場所へ流れる。
- **B** 低い場所から高い場所へ流れる。
- **C** 流れることなくふったところにたまる。

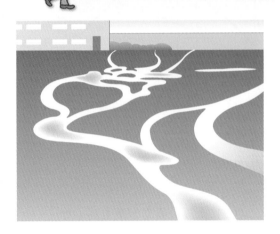

○ 雨がふると，地面に川のような流れができることがあります。

○ 雨水は決まった方向に流れていき，くぼんだところに**水たまり**ができます。

○ 雨水の流れる向きは，地面のかたむきに関係があります。雨水は，地面の高い場所から低い場所に向かって流れていきます。

答

考えよう ② 校庭の土とすな場のすなでは，水のしみこみ方はちがうのだろうか。

正しいのは？

- **A** 校庭の土のほうがしみこみやすい。
- **B** すな場のすなのほうがしみこみやすい。
- **C** しみこみやすさは変わらない。

校庭の土

すな場のすな

じゃり

○ 校庭の土とすな場のすな，じゃりにそれぞれ水をまくと，すな場のすなやじゃりにはすぐに水がしみこみ，水たまりはできません。校庭の土には水たまりができました。

○ ふった雨水はやがて地面にしみこみますが，土のつぶが大きいほど水はしみこみやすくなります。

答

たいせつポイント 地面を流れる水は高いところから低いところに向かって流れる。
地面の土のつぶが大きいほど，水はしみこみやすくなる。

4 空気中の水じょう気

考えよう 水そうの水が，いつの間にかへっているのはなぜでしょう。

正しいのは？

Ⓐ われ目などからもれたから。

Ⓑ 水そうの中の魚が飲んだから。

Ⓒ 水じょう気になって空気中へにげたから。

実験 2つの入れ物に同じ量の水を入れ，右の写真のようにして，日なたに2〜3日置いて，水のへり方をくらべましょう。

⬤ 実験の結果は，

① おおいをしない入れ物の水は，だいぶへっていた。

② おおいをした入れ物の水は，ほとんどへっていない。

⬤ 入れ物の水がへるのは，水が表面から水じょう気になり，空気中へ出ていくからです。これを，水のじょう発といいます。　**答 Ⓒ**

おおいをしないもの　おおいをしたもの

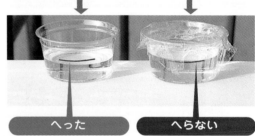

へった　へらない

おおいをしたほうは，水じょう気のにげ場がなく，じょう発がほとんどおこらないよ。

考えよう 上の実験を日なたと日かげですると，結果はちがうでしょうか。

正しいのは？

Ⓐ 結果にちがいはない。

Ⓑ 日なたのほうが水はよくへる。

Ⓒ 日かげのほうが水はよくへる。

⬤ 上の実験を日なたと日かげですると，おおいをしていないものでは，日なたのほうがたくさん水がへります。おおいをしているものは，どちらも水はへりません。

⬤ このように，日なたのほうが，水は，はやくじょう発します。　**答 Ⓑ**

せんたく物がかわくのも

水がじょう発するから

3 考えよう しめった地面をとう明なシートでおおっておくと，どうなる？

正しいのは？
Ⓐ シートのうら（下）側に水てきがつく。
Ⓑ シートのおもて（上）側に水てきがつく。
Ⓒ 何の変化も見られない。

とう明なシートでおおったときのようす

⬤ とう明なシートでおおってしばらくすると，シートのうら側が左の写真のように，白くくもります。このくもりは，よく見ると，小さな水てきがいっぱいついたものです。

⬤ この小さな水てきは，土の中にふくまれていた水がじょう発して水じょう気になり，それがまた水にもどったものです。

⬤ このように，しめった地面からは水がじょう発しています。 答 Ⓐ

4 考えよう 水をはやくじょう発させるには，どうすればよいだろうか。

正しいのは？
Ⓐ 水を冷やせばよい。
Ⓑ 水をあたためればよい。
Ⓒ 水を暗い所に置けばよい。

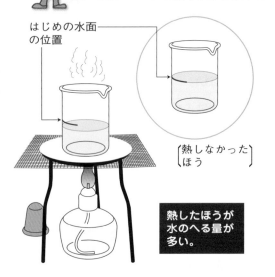

はじめの水面の位置

〔熱しなかったほう〕

熱したほうが水のへる量が多い。

実験 ２つのビーカーに同じ量の水を入れ，かたほうをアルコールランプで熱し，水のへり方をくらべます。

⬤ 実験の結果，熱したビーカーのほうが水がたくさんへります。

⬤ このように，水は，温度が高くなるとたくさんじょう発します。日なたのほうが水がたくさんじょう発するのは，日光で水があたためられるからです。 答 Ⓑ

たいせつポイント じょう発 { 水が水じょう気になって空気中へ出ていくこと。 水の温度が高いほうがじょう発する量が多い。

❶ 地面にふった雨水の様子について観察しました。これについて，次の問いに答えなさい。

(1) 次の文の（　　）に，てきとうな言葉を入れなさい。ただし，同じ言葉が入ってもかまいません。

地面にふった雨水は①（　　　　）いところから②（　　　　）いところへと流れていき，いちばん③（　　　　）いところや地面がくぼんだところにたまる。

(2) ペットボトルで，下の図のようなそうちを2つつくり，それぞれ，花だんの土とじゃりを入れて，上から同じ量の水を入れました。

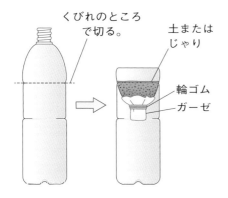

くびれのところで切る。
土またはじゃり
輪ゴム
ガーゼ

①短い時間で下に水が出終わるのは，土とじゃりのどちらを入れたほうのそうちですか。（　　　　）
②水がしみこみやすいのはどちらですか。（　　　　）
ア　土のつぶが大きい土
イ　土のつぶが小さい土

❷ 下の図のように，2つのカップに同じ量の水を入れ，1つにはラップシートでふたをし，もう1つにはふたをしないで，数日置いておきました。このことについて，次の問いに答えなさい。

ラップシート
水面のしるし

(1) ふたをしたカップの水は，どうなっていますか。次のア～ウから1つ選びなさい。（　　　　）
ア　たくさんへっている。
イ　たくさんふえている。
ウ　ほとんど変わらない。

(2) ふたをしないカップの水は，どうなっていますか。(1)のア～ウから1つ選びなさい。（　　　　）

(3) 次の文の空らんに，てきとうな言葉を入れなさい。ただし，同じ言葉が入ってもかまいません。

水は熱しなくても，その表面から①（　　　　）となって，空気中に出ていく。このように，水が②（　　　　）となって，空気中に出ていくことを③（　　　　）という。

テストに出る問題

答え → 別さつ3ページ
時間30分　合格点80点　とく点　／100

1 右の図は，気温などをはかるそうちで，中には記録温度計などが入っています。次の問いに答えなさい。　　　［計24点］

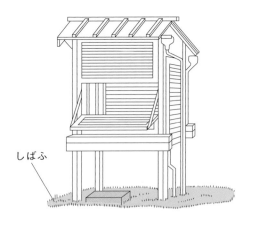

しばふ

(1) このそうちを何といいますか。
　　　　　　　　　　　　　　　［5点］〔　　　　　　　〕

(2) このそうちは実さいには白色ですが，その理由をかんたんに説明しなさい。　［7点］
　　〔　　　　　　　　　　　　　　　　　〕

(3) このそうちの中の温度計は，地面から何mから何mの高さにとりつけられていますか。数字で答えなさい。　　　［5点]〔　　　m～　　　m〕

(4) このそうちがしばふの上にたてられているのはなぜですか。その理由をかんたんに説明しなさい。　　　　［7点]〔　　　　　　　　　　　　　　　　　　　　　　　　〕

2 次の2つのグラフは，それぞれ晴れの日と雨の日の1日の気温の変化を表しています。あとの問いに答えなさい。　　　［5点ずつ　計30点］

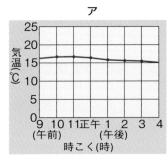

ア

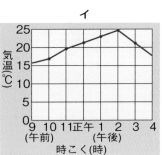

イ

(1) アとイのグラフは，それぞれどの天気の日の気温変化のようすですか。

　　　　　　　　　　　　ア〔　　　　〕イ〔　　　　〕

(2) 次の文の〔　　〕にあてはまることばを書きなさい。
　　くもりの日や雨の日には，空に①〔　　　　〕があるので，②〔　　　　〕がさえぎられる。そのため，くもりの日や雨の日には気温が③〔　　　　〕にくく，気温の変化は晴れの日よりも④〔　　　　〕。

3 右のグラフは，ある晴れた日の気温と太陽の高さの変化を表したものです。次の問いに答えなさい。 [5点ずつ 計25点]

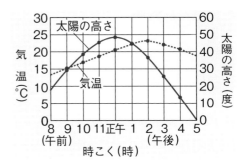

(1) 太陽の高さが高くなると，気温はどうなりますか。 〔　　　　　〕

(2) 太陽の高さが最高になったのはいつごろですか。また，そのときの太陽の高さは何度ですか。上のグラフから読みとりなさい。

①時こく〔　　　　　〕

②太陽の高さ〔　　　　　〕

(3) 太陽の高さが最高になった時こくと，気温が最高になった時こくには，ずれがあります。約何時間ずれていますか。 〔　　　　　〕

(4) (3)のようなずれが起こるのはなぜですか。次のア～ウから正しいものを1つ選びなさい。 〔　　　　　〕

　ア　日光が空気中を通って地面をあたため，あたためられた地面から出る熱で空気があたたまるのに時間がかかるから。
　イ　日光が直せつ空気をあたためるのに時間がかかるから。
　ウ　地面にさしこむ日光の量が最も多くなる時こくが，太陽の高さが最高になる時こくとずれているから。

4 次のア～キで，水のじょう発に関係のあるものを3つ選び，記号を書きなさい。 [7点ずつ…計21点] 〔　　　〕〔　　　〕〔　　　〕

　ア　雨がふると，地面がぬれる。
　イ　せんたく物がかわく。
　ウ　水そうの水が，いつの間にかへっている。
　エ　しめった地面をとう明なシートでおおうと，やがて白くくもる。
　オ　しっ気とり（かんそうざい）をへやの中に置いておくと，重くなる。
　カ　寒い日には，はく息が白く見える。
　キ　コップの氷がとけて水になる。

晴（は）れとくもりのちがいは？

▷ 天気は空全体を雲がどれぐらいしめるかで決まり，この雲の量を雲量（うんりょう）といいます。

▷ 雲量が0〜8のときが晴（は）れ，9〜10のときがくもりで，晴れのうち雲量が0〜1のときをとくに快晴（かいせい）といいます。

▷ 下の写真（しゃしん）は，左から順（じゅん）に雲量0，雲量4，雲量8の空のようすです。雲量8だとかなり雲が多（おお）く感（かん）じられますが，くもりではなく，晴れなんですよ。

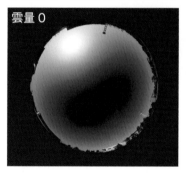
雲量0

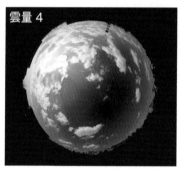
雲量4

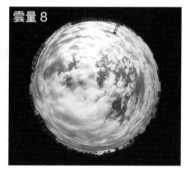
雲量8

地面（じめん）のようすと空気の温度（おんど）

▷ しばふ，土，コンクリートの所（ところ）で日当（あ）たりのよい場所（ばしょ）を選（えら）び，それぞれの場所で地上（ちじょう）10cmの高さの気温をはかってみます。するとグラフのように，コンクリートの所では高く，しばふの所では低（ひく）くなることがわかります。

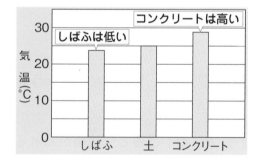

▷ 地面のようすで気温がちがうわけは，コンクリート，土，しばふの順にあたたまりやすく，よくあたためられた地面ほど熱を放出（ほうしゅつ）し，空気をあたためるからです。

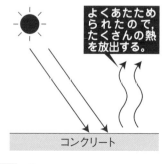
よくあたためられたので，たくさんの熱を放出する。
コンクリート

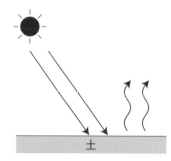
土

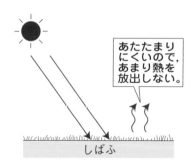
あたたまりにくいので，あまり熱を放出しない。
しばふ

3 電池のはたらき

教科書の まとめ

⭐ かん電池の＋極から豆電球を通って－極へ電流が流れる。

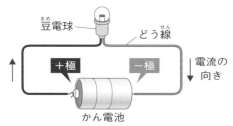

豆電球
どう線
＋極
－極
電流の向き
かん電池

⭐ かん電池をへい列につなぐと，電流の強さは電池1こと同じ。

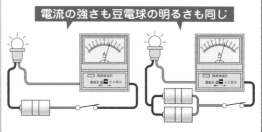

電流の強さも豆電球の明るさも同じ

⭐ かん電池のつなぎ方には，直列とへい列がある。

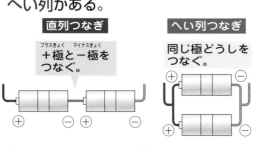

直列つなぎ
＋極と－極をつなぐ。

へい列つなぎ
同じ極どうしをつなぐ。

⭐ 回路に流れる電流の向きを反対にすると，モーターも反対向きに回る。

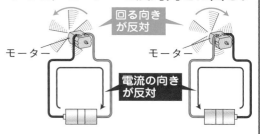

回る向きが反対
モーター
モーター
電流の向きが反対

⭐ かん電池を直列につなぐと，強い電流が流れる。

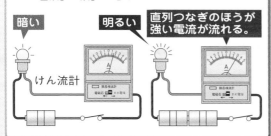

暗い
明るい
直列つなぎのほうが強い電流が流れる。
けん流計

⭐ 回路は電気用図記号を使ってかく。

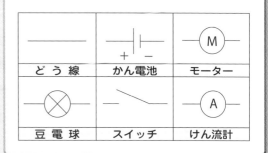

どう線	かん電池	モーター
豆電球	スイッチ	けん流計

1 かん電池のつなぎ方と回路

考えよう 豆電球とかん電池をつないだときの電気の流れる向きは?

正しいのは?

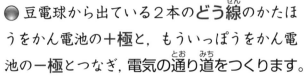

Ⓐ かん電池の＋極と － 極→豆電球

Ⓑ かん電池の－極→豆電球→＋極

Ⓒ かん電池の＋極→豆電球→－極

電気は，かん電池の＋極から出て－極へ入る向きに流れる。

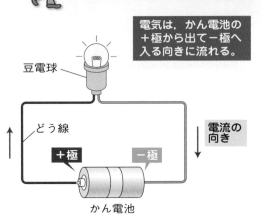

豆電球

どう線

＋極　　－極

電流の向き

かん電池

どう線がはずれたりして電気の通り道がとぎれると，電気が流れないよ。

● 豆電球から出ている2本の**どう線**のかたほうをかん電池の＋極と，もういっぽうをかん電池の－極とつなぎ，電気の通り道をつくります。

● すると，かん電池の＋極から豆電球を通って－極へと電気が流れて，豆電球の明かりがつきます。

● 電気の流れる向きは決まっていて，反対の向きに流れることはありません。

● 電気の流れを**電流**といい，電気の通り道を**回路**といいます。

答 Ⓒ

考えよう 2このかん電池を右の図のようにつなぐと，豆電球の明るさは?

正しいのは?

Ⓐ 1このときより明るくなる。

Ⓑ 1このときと同じ明るさ。

Ⓒ 明かりが消える。

直列つなぎ

かん電池1このときより明るい。

かん電池が1このとき

電流の向き

＋極と－極をつなぐのが直列つなぎ

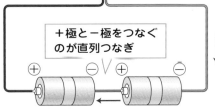

● 2このかん電池のつなぎ方には，**直列つなぎ**とへい列つなぎがあります。

● かたほうの**かん電池の＋極**と，もういっぽうの**かん電池の－極**をつなぐつなぎ方を直列つなぎといいます。

● かん電池2こを直列つなぎにすると，かん電池1このときよりも，豆電球の明るさは明るくなります。

答 Ⓐ

3 考えよう 2このかん電池を右の図のようにつなぐと，豆電球の明るさは？

正しいのは？

A 明かりが消える。

B 1このときと同じ明るさ。

C 1このときより明るくなる。

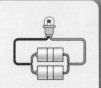

● 2このかん電池の＋極どうし，－極どうしをそれぞれまとめてつなぐつなぎ方を，へい列つなぎといいます。

● かん電池2こをへい列つなぎにすると，かん電池1このときと，豆電球の明るさは変わりません。 **答 B**

 もっとくわしく かたほうのかん電池をはずすと…へい列つなぎでは，電気の通り道が2つあるので，かたほうのかん電池をはずしても豆電球に電気が流れて，豆電球がつきます。直列つなぎで同じことをすると，豆電球がつきません。

へい列つなぎ

かん電池1このときと明るさは同じ。

かん電池が1このとき

＋極どうし，－極どうしをつなぐのがへい列つなぎ

電流の向き

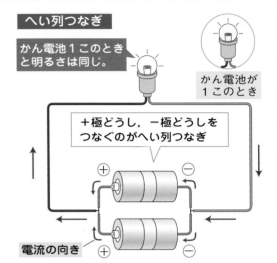

直列とへい列のいろいろなつなぎ方

● 2このかん電池のつなぎ方は，右の図のように，いろいろと考えられます。

● しかし，どのような場合も，2このかん電池の＋極と－極がつながっていれば直列つなぎで，＋極どうし，－極どうしがつながっていればへい列つなぎです。

かん電池だけをどう線でつなぐと，強い電流が流れて熱くなるので，やってはいけないよ。

直列つなぎ かん電池1このときより明るい。

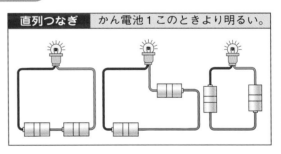

へい列つなぎ かん電池1このときと同じ明るさ。

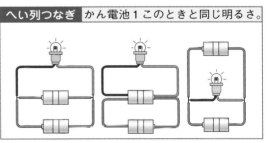

 たいせつポイント

直列つなぎ…かん電池1このときより，**豆電球は明るくなる。**

へい列つなぎ…**豆電球の明るさは，かん電池1このときと同じ。**

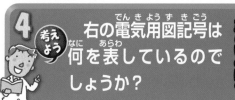

4 考えよう 右の電気用図記号は何を表しているのでしょうか？

正しいのは？

A B C

A 豆電球
B かん電池
C けん流計

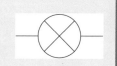

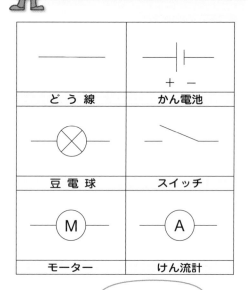

———	—┤├— + −
どう線	かん電池
⊗	／
豆電球	スイッチ
Ⓜ	Ⓐ
モーター	けん流計

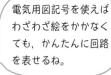

電気用図記号を使えばわざわざ絵をかかなくても，かんたんに回路を表せるね。

🔵回路をかんたんに表すために，豆電球やかん電池，スイッチなどを左の図のような**電気用図記号**を使ってかきます。かん電池は，長いほうが＋極，短いほうが−極を表します。

🔵このような記号を使って回路を表したものを**回路図**といいます。

🔵下の図①のように豆電球，かん電池，スイッチ，けん流計をつないだ回路図は，図アのように表せます。

🔵下の図②〜④はいずれも直列につないだかん電池2こと，豆電球をつないだ回路を表しています。これらはいずれも図イで表せます。

🔵下の図⑤〜⑦はいずれもへい列につないだかん電池2こと豆電球をつないだ回路を表しています。これらはいずれも図ウで表せます。

答 **A**

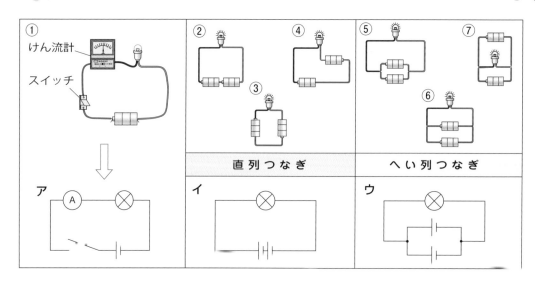

2 回路を流れる電流の強さ

1 考えよう かん電池のつなぎ方によって，モーターの回転は変わりますか。

正しいのは？
- **A** 直列つなぎのほうが回転が速い。
- **B** 直列つなぎでもへい列つなぎでも同じ。
- **C** へい列つなぎのほうが回転が速い。

● モーターとかん電池をどう線でつなぐと，電気が流れてモーターが回転します。

● かん電池の＋極と－極を入れかえて，回路を流れる電流の向きを反対にすると，モーターの回る向きも反対になります。

● かん電池2こをモーターとつなぐと，かん電池のつなぎ方で，モーターの回転する速さが次のようにちがいます。

> 直列つなぎ…かん電池1このときよりも，モーターの回転は速くなる。
>
> へい列つなぎ…かん電池1このときと，モーターの回転は同じ。

答 **A**

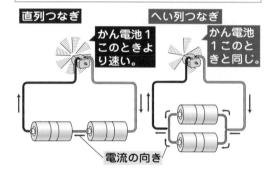

電気の流れる向きとモーターの回る向き

回る向きが反対

モーター

電流の向き

かん電池のつなぎ方とモーターの回る速さ

直列つなぎ — かん電池1このときより速い。

へい列つなぎ — かん電池1このときと同じ。

電流の向き

けん流計の使い方

❶ けん流計のはりを目もりの0にあわせ，回路のとちゅうに右の図のようにつなぐ。

❷ けん流計の切りかえスイッチを，「電磁石」側にする。

❸ 回路のスイッチを入れて回路に電流を流し，けん流計の目もりを読む。(そのまま読む)

❹ はりのふれが小さいときは，切りかえスイッチを豆電球側に入れて，(はりがさすあたいを10分の1にして)目もりを読む。

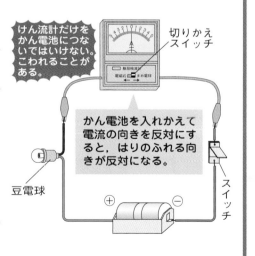

けん流計だけをかん電池につないではいけない。こわれることがある。

切りかえスイッチ

かん電池を入れかえて電流の向きを反対にすると，はりのふれる向きが反対になる。

豆電球

スイッチ

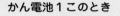

かん電池1このとき

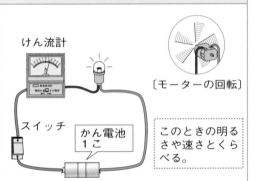

けん流計

スイッチ

かん電池1こ

〔モーターの回転〕

このときの明るさや速さとくらべる。

かん電池2こを直列つなぎにしたとき

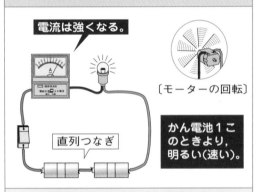

電流は強くなる。

〔モーターの回転〕

直列つなぎ

かん電池1このときより，明るい（速い）。

かん電池2こをへい列つなぎにしたとき

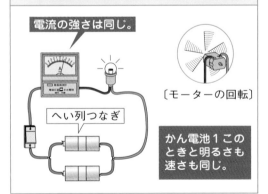

電流の強さは同じ。

〔モーターの回転〕

へい列つなぎ

かん電池1このときと明るさも速さも同じ。

実験 かん電池の数とつなぎ方を次のように変えて，それぞれの回路を流れる電流の強さと豆電球の明るさをくらべてみます。
- ① かん電池1こをつないだ回路。
- ② かん電池2こを直列につないだ回路。
- ③ かん電池2こをへい列につないだ回路。

◯ 実験の結果は，次のようになりました。

①かん電池1このときと，かん電池2こをへい列につないだときの電流の強さは同じで，豆電球の明るさも同じだった。

②かん電池2こを直列につないだときの電流の強さは，かん電池1このときより強く，豆電球は明るかった。

◯ かん電池1このときと，かん電池2こをへい列つなぎにしたときの豆電球の明るさや，モーターの回転する速さが同じなのは，回路を流れる電流の強さが同じだからです。

◯ かん電池2こを直列につないだときのほうが，かん電池1このときより豆電球が明るくついたり，モーターが速く回転したりするのは，回路を流れる電流の強さが強いからです。

◯ 流れる電流が強いと，電気のはたらきが大きくなります。 答 Ⓐ

たいせつポイント
- 直列つなぎ…かん電池1このときよりも強い電流が流れる。
- へい列つなぎ…かん電池1このときと同じ強さの電流が流れる。

答え → 別さつ4ページ

❶ かん電池，豆電球，けん流計，スイッチを使って，下のア〜ウの回路をつくりました。これについて，あとの問いに答えなさい。

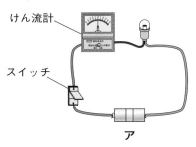

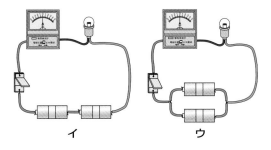

ア

イ　　　ウ

(1) スイッチを入れたとき，豆電球が最も明るくつくのは，ア〜ウのどれですか。1つ選び，記号を書きなさい。　　　（　　　）

(2) スイッチを入れたとき，けん流計のはりのふれが等しいのは，ア〜ウのどれとどれですか。
（　　と　　）

(3) イのようなかん電池のつなぎ方を何つなぎといいますか。
（　　つなぎ）

(4) ウのようなかん電池のつなぎ方を何つなぎといいますか。
（　　つなぎ）

❷ 下の図の電気用図記号はそれぞれ何を表しているか答えなさい。

①（　　　　　）　②（　　　　　）

③（　　　　　）　④（　　　　　）

⑤（　　　　　）　⑥（　　　　　）

❸ かん電池，モーター，スイッチを使って，下のア〜ウの回路をつくりました。これについて，あとの問いに答えなさい。

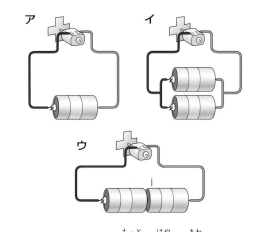

ア　　　イ

ウ

(1) モーターが最も速く回るのは，ア〜ウのどれですか。
（　　　　　）

(2) モーターの回る速さが同じなのは，ア〜ウのどれとどれですか。
（　　と　　）

1 次の文の〔　〕にあてはまることばを下から選び，書き入れなさい。ただし，同じことばを何度使ってもかまいません。　　　　　　[4点ずつ…合計24点]

豆電球とかん電池を〔　　　　　〕でつなぐと，電気の通り道ができます。すると，かん電池の〔　　　　　〕から〔　　　　　〕へ電気が出て，豆電球を流れ，かん電池の〔　　　　　〕へもどってきます。このようにして，電気が流れることで，豆電球がつきます。このような電気の通り道のことを〔　　　　　〕といい，電気の流れを〔　　　　　〕といいます。

| 回路 | 電流 | ＋極 | －極 | どう線 |

2 下のア～クのような回路について，次の問いに答えなさい。[3点ずつ…合計33点]

(1) 右のア～クのうち，モーターが回転しないものを3つ選びなさい。
〔　　〕〔　　〕〔　　〕

(2) モーターが回転するもののうち，かん電池のつなぎ方が直列つなぎのものを2つ選びなさい。
〔　　〕〔　　〕

(3) モーターが回転するもののうち，かん電池のつなぎ方がへい列つなぎのものを2つ選びなさい。
〔　　〕〔　　〕

(4) アと同じ速さでモーターが回転するものを2つ選びなさい。
〔　　〕〔　　〕

(5) 回路中を，アよりも強い電流が流れているものを2つ選びなさい。
〔　　〕〔　　〕

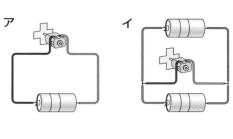
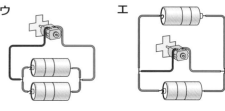
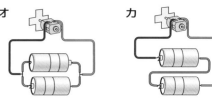
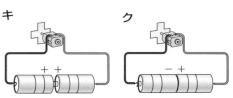

3 けん流計(かんいけん流計ともいう)について, 次の問いに答えなさい。[合計15点]

(1) けん流計のつなぎ方について, 正しいものを次のア～ウから1つ選びなさい。

[7点] 〔　　　　〕

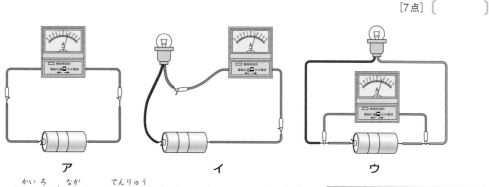

ア　　　　　　　　　　　イ　　　　　　　　　　　ウ

(2) ある回路を流れる電流の大きさを, けん流計を
使ってはかったら, 右の図のようにはりがふれま
した。電流の大きさは何Aですか。ただし, 切り
かえスイッチは豆電球側(0.5A)にたおしてあり
ました。　　　　　　　　[8点] 〔　　　　A〕

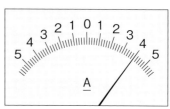

4　右の図のような回路を流れる電流について,
次の〔　〕のうち正しいものを○でかこみなさい。

[7点ずつ…合計28点]

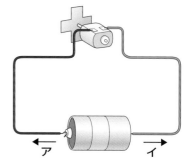

(1) 回路を流れる電流は 〔 ア・イ 〕の向きに流れる。

(2) かん電池の ＋極 と ―極 を入れかえると, 回
路を流れる電流の向きは〔 変わる・変わらない 〕。

(3) かん電池をもう1こ用意して, 2つのかん電池を直列つなぎにすると, 回路に
流れる電流の強さは,かん電池1このときより〔 強くなる・変わらない・弱くなる 〕。

(4) かん電池をもう1こ用意して, 2つのかん電池をへい列つなぎにすると, 回路に
流れる電流の強さはかん電池1このときとくらべて〔 強くなる・変わらない・
弱くなる 〕。

明るく光るわけ

▷ 豆電球は，右の図のようなつくりをしており，小さなガラス球の中にフィラメントという細いはり金のようなものが入っています。

▷ フィラメントに電流が流れると，フィラメントは熱せられて，温度が高くなります。このとき，強い（大きい）電流が流れるほど，温度は高くなります。

▷ 金ぞくは，温度が上がると光ります。ふつう，500℃で赤く光り，1000℃をこえると白く光るようになります。（赤よりも白のほうが光が強い。）

▷ このため，豆電球に流す電流を強くすると，豆電球は明るく光るのです。

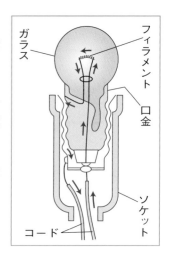

ガラス ／ フィラメント ／ 口金 ／ ソケット ／ コード

電気自動車

▷ ふつうの自動車は，ガソリンや軽油をねんりょうとして動きますが，電気自動車は電気の力で動きます。

▷ ガソリンをもやすと，空気をよごすはいガスが出ますが，電気自動車からははいガスが出ないので空気をよごす心配がありません。また，ガソリンはガソリンスタンドに行かないと手に入りませんが，電気はみんなの家のコンセントからでも手に入ります。

▷ ガソリンをつくるために必要な石油は，地下からほりだしているので，いつかは使い切ってしまいます。電気は，今では石油をもやしてつくることが多いのですが，水の力や風の力，太陽の光を使って電気をつくることも多くなってきました。

▷ 水，風，太陽の光はつきることがありませんので，石油がなくなったとしても，電気をつくることができます。近いうちに，自動車といったら，電気自動車のことをさす時代が来るかもしれません。

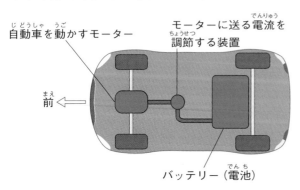

自動車を動かすモーター ／ モーターに送る電流を調節する装置 ／ 前 ／ バッテリー（電池）

4 生き物の夏のくらし

教科書のまとめ

⭐ サクラは，えだがのび，葉の数がふえ，緑色がこくなっている。

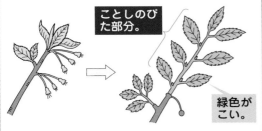

ことしのびた部分。

緑色がこい。

⭐ 親ツバメが，大きくなったひなに，えさを運んであたえている。

⭐ イチョウも，新しいえだがのび，葉がふえている。

ことしのびたえだ。

緑色がこい。

⭐ 暑くなると，ヘチマやツルレイシのくきがよくのびる。

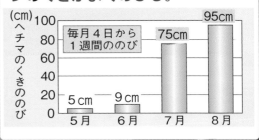

(cm) ヘチマのくきののび

毎月4日から1週間ののび

100
80
60
40
20
0

5cm 9cm 75cm 95cm

5月 6月 7月 8月

⭐ 野原の草がよくしげり，こん虫の数がふえ，さかんに活動している。

トノサマバッタのよう虫　エンマコオロギのよう虫　ナナホシテントウのよう虫

⭐ ヘチマやツルレイシのめばなが，実になる。

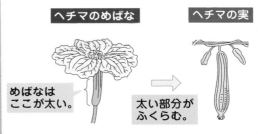

ヘチマのめばな　　ヘチマの実

めばなはここが太い。　太い部分がふくらむ。

35

1 植物や動物のようす

1 考えよう 夏のころのサクラのえだは，春にくらべてどうちがうでしょうか。

正しいのは？

Ⓐ えだがのび，葉もしげっている。

Ⓑ えだはのびたが，葉が赤く色づいている。

Ⓒ 春のころとほとんど変わっていない。

観察 夏のころのサクラのえだの長さや葉の数・大きさを，春のころとくらべます。

● 春にくらべて，次のようにちがいます。

① えだが のびている。新しくのびたえだの緑色もこくなり，木らしくなってきた。

② 葉の数もふえ，1まい1まいの大きさも大きくなっている。また，葉の緑色もこくなっている。 **答 Ⓐ**

来年の花や葉になるもの

新しく出てきたえだ

ことしのびた部分 ＝ 緑色をしている。

実

2 考えよう イチョウのえだのようすも，春のころとちがうでしょうか。

正しいのは？

Ⓐ イチョウは，春とほとんどちがわない。

Ⓑ もう，すっかり葉を落としている。

Ⓒ 新しいえだがのび，葉もしげっている。

観察 イチョウやアジサイのえだのようすを調べ，春のころとくらべてみましょう。

● イチョウのえだも，春からのびはじめた新しいえだが長くなっています。

● 葉も 大きくなり，数も多く なっています。そして，こい緑色をしています。

● アジサイも 新しいえだがのび，大きな葉をたくさんつけています。また，つゆのころに花がさきます。 **答 Ⓒ**

ことしのびたえだ

新しくのびたえだは緑色をしているね。

きょ年のびたえだ

3 考えよう　夏のころに花をさかせる草花には，どんなものがあるでしょう。

正しいのは？

A アブラナ・タンポポ・ユキヤナギ

B アサガオ・ヒマワリ・ツユクサ

C チューリップ・コスモス・フジ

🔵 夏の花だんにさく花には，ヒマワリ・ホウセンカ・グラジオラス・オシロイバナ・マーガレット・マツバボタン・カンナ など，たくさんあります。

🔵 夏の野山にさく花には，ヒメジョオン・マツヨイグサ・コヒルガオ・オトギリソウ・ノカンゾウ・ノアザミ・ノイバラ などがあります。

🔵 ツユクサも，夏になると青色の花がさきます。

答 **B**

ヒマワリ

マツバボタン

ツユクサ

ヒメジョオン

4 考えよう　春のころとくらべて，野原のようすはどうなっているでしょうか。

正しいのは？

A 草が少なくなり，こん虫がふえている。

B 春のころと変わらない。

C 草がしげり，こん虫がふえている。

🔵 夏になると，野原の草はくきがのびて葉もたくさんつき，よくしげっています。

🔵 草をかき分けると，春のころよりも多くのこん虫や，こん虫のよう虫が活発に動きまわっているのが見られます。

🔵 野原の草の中には，トノサマバッタ・ショウリョウバッタ・オオカマキリ・エンマコオロギ・ナナホシテントウ などのよう虫がいます。

答 **C**

トノサマバッタのよう虫　　エンマコオロギのよう虫

たいせつポイント　夏のサクラ { えだがのび，緑色がこくなっている。
葉の数がふえ，葉が大きくなっている。

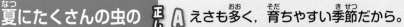

5 考えよう　夏にたくさんの虫のよう虫が見られるのは, なぜでしょう。

正しいのは?

Ⓐ えさも多く, 育ちやすい季節だから。
Ⓑ てきとなる動物が少ないから。
Ⓒ いじょう発生したから。

ミカンの葉を食べる
アゲハのよう虫

アブラムシを食べる
ナナホシテントウ

夏は, えさが多くて, こん虫やいろんな動物が成長する季節だよ。

⬤ 夏は空気の温度(気温)が高くなり, こん虫のえさとなる植物がよくしげります。

⬤ 植物がしげると, バッタ, チョウのよう虫, アブラムシ など, 植物をえさにするこん虫が植物を食べて大きくなります。

⬤ また, アブラムシを食べるナナホシテントウのように, こん虫をえさにするこん虫もふえます。

⬤ このように, 夏になるとえさが多くなるので, こん虫の数がふえ, 活動もさかんになります。

答 Ⓐ

6 考えよう　夏のころ, ツバメはどのような生活をしているでしょうか。

正しいのは?

Ⓐ 巣づくりをしている。
Ⓑ ひなが育っている。
Ⓒ もう日本では見られない。

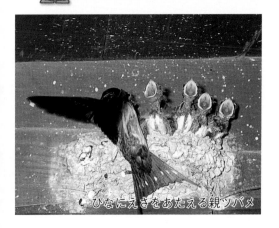
ひなにえさをあたえる親ツバメ

⬤ たまごからかえったツバメのひなは, 暑くなるころには大きく育っています。

⬤ このころ巣に近づくと, ひなが親ツバメからえさをもらおうと, 黄色い口をあけて鳴いているのが見られます。

⬤ 空を飛べるようになると, ひなは巣から出ますが, えさを自分でとれるようになるまでは, 親からえさをもらいます。

答 Ⓑ

たいせつポイント　夏のようす
{ 植物がしげり, こん虫がふえる。
{ ツバメのひなは, 大きく育っている。

2 ヘチマやツルレイシの育ち方

1 考えよう 夏のころのヘチマのくきののび方は，春にくらべてどうですか。

正しいのは？
A 春のほうがよくのびた。
B 春と同じくらいのびる。
C 夏のほうがよくのびる。

観察 ヘチマのくきが1週間にどれくらいのびるか調べ，グラフにしましょう。

○ 観察の結果，右のようになりました。

○ このグラフを見ると，**ヘチマのくきは，夏になって空気の温度が高くなると，とてもよくのびる**ことがわかります。

○ また，夏になると，葉のまい数がふえて，よくしげります。

○ ツルレイシやヒョウタンも，同じように育ちます。　答 **C**

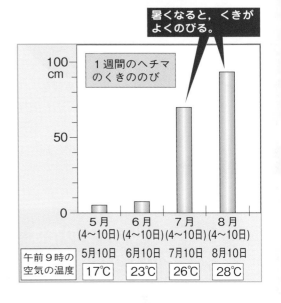

暑くなると，くきがよくのびる。

1週間のヘチマのくきののび

	5月 (4～10日)	6月 (4～10日)	7月 (4～10日)	8月 (4～10日)
午前9時の 空気の温度	5月10日 17℃	6月10日 23℃	7月10日 26℃	8月10日 28℃

2 考えよう 1本のヘチマのくきには，花がどのようにさくでしょうか。

正しいのは？
A おばなとめばながたくさんさく。
B 1種類の花がたくさんさく。
C 大きな花が1つだけさく。

○ 夏になってつるがのびると，ヘチマの花がさきます。

○ ヘチマでは，1本のくきに花がたくさんさきます。

○ それらの花をよく見ると，**花びらの下に太い部分がある花とない花がある**ことがわかります。花びらの下に太い部分がある花をめばなといい，太い部分がない花をおばなといいます。　答 **A**

ヘチマのおばな　　ヘチマのめばな

3 考えよう ヘチマでは，おばなとめばなのどちらが実になりますか。

正しいのは？

A おばなが実になる。

B めばなが実になる。

C おばなとめばなの両方が実になる。

ヘチマのめばな

ヘチマの実

◯ ヘチマのおばなとめばなのうち，実になるのはめばなだけ です。おばなは実になりません。

◯ めばなの花びらがしぼむと，花びらの下の太い部分がふくらんで，実になります。

◯ そして，ヘチマの実は，毎日少しずつ太く長くなります。 答 **B**

もっとくわしく 子ぼう…実になる，めばなの花びらの下の太い部分を子ぼうといいます。実ができるためには，おばなの花ふんがめばなのめしべにくっつかないといけません。

4 考えよう ツルレイシの花は，どのようにさくのでしょうか。

正しいのは？

A おばなとめばながたくさんさく。

B 1種類の花がたくさんさく。

C 大きな花が1つだけさく。

ツルレイシの実

ツルレイシのおばな

ツルレイシのめばな

◯ ツルレイシもヘチマと同じように，夏になってつるがのびると，1本のくきに，いくつものおばなとめばながさきます。

◯ そして，めばなの花びらがしぼむと，花びらの下の太い部分がふくらんで実になります。

◯ ヘチマやツルレイシと同じように，おばなとめばながさき，めばなが実になる植物には，**ヒョウタン・キュウリ・スイカ**などがあります。 答

たいせつポイント ヘチマ ｛ 空気の温度が上がると，くきがよくのびる。

おばなとめばながさき，めばなが実になる。

教科書のドリル

答え → 別さつ5ページ

❶ 次のア～カのうち，夏のころの
サクラのえだのようすをあらわ
しているものを2つ選び，記号を書
きなさい。　　　（　　）（　　）

ア　えだのところどころに，花のつ
ぼみがついている。

イ　新しく出たえだは，ずいぶんの
びている。

ウ　葉の大きさは，葉が出たばかり
のころとあまり変わっていない。

エ　葉の数は，春のころからあまり
ふえていない。

オ　葉の緑色はこくなっている。

カ　葉の中には，赤く色づきはじめ
ているものがある。

❷ 夏のころのこん虫のようすにつ
いて，次の問いに答えなさい。

(1)　右の写真は，
あるこん虫のよ
う虫ですが，何
というこん虫の
よう虫ですか。
その名前を，カ
タカナで書きなさい。　　　（　　　）

(2)　写真のよう虫が食べているのは，
何という植物の葉ですか。次のア
～ウから1つ選び，記号を書きな
さい。　　　　　　　　　（　　　）

ア　キャベツ

イ　ミカン

ウ　アブラナ

(3)　夏に野原で生活しているこん虫
の数やようすについて，正しいも
のを次のア～エから1つ選び，記
号を書きなさい。　　　（　　　）

ア　春のころにくらべると，こん
虫の数は多く，活発に動きまわっ
ている。

イ　春のころにくらべると，こん
虫の数は少なく，あまり動いてい
ない。

ウ　春のころにくらべると，こん
虫の数は多いが，あまり動いてい
ない。

エ　春のころにくらべると，こん
虫の数は少ないが，活発に動きま
わっている。

❸ ヘチマの育ち方として正しいも
のを，次のア～ウから1つ選び，
記号を書きなさい。　　　（　　　）

ア　ヘチマの花は，どれも同じ形を
している。

イ　ヘチマのくきは，5月ごろに最も
よくのびる。

ウ　ヘチマの実は，めばなの花びら
の下の太い部分が成長してできた
ものである。

答え ➡ 別さつ6ページ

時間**30**分　合格点**80**点　とく点　／100

1 次の写真は，夏にさく花をあらわしたものです。これについて，次の問いに答えなさい。

[5点ずつ…合計25点]

(1) 夏の野山によくさいている花をア〜エから1つ選び，記号を書きなさい。〔　　　〕

(2) ア〜エの花を何といいますか。それぞれの名前をカタカナで書きなさい。

ア〔　　　　　〕
イ〔　　　　　〕
ウ〔　　　　　〕
エ〔　　　　　〕

ア

イ

ウ

エ

2 夏の野原や花だんを観察したら，次のようなこん虫のよう虫を見つけました。これについて，あとの問いに答えなさい。

[5点ずつ…合計20点]

ショウリョウバッタ　　トノサマバッタ　　オオカマキリ
アゲハ　　エンマコオロギ　　ナナホシテントウ

(1) これらのこん虫の中で，成虫(親)が花のみつをすうものを1つ選び，その名前を書きなさい。　　　　　　　　　　　　　　　　　〔　　　　　　　〕

(2) これらのこん虫の中に，よう虫のすがたと成虫のすがたとがまるでちがうものが2種類あります。どれとどれでしょう。名前を書きなさい。

〔　　　　　　〕〔　　　　　　〕

(3) ナナホシテントウのよう虫はどのようなものを食べますか。次のア〜エから1つ選び，記号を書きなさい。　　　　　　　　　　　　〔　　　　〕

ア　ミカンの葉　　　　　　イ　アブラナの葉
ウ　アブラムシ　　　　　　エ　ダンゴムシ

3 次の(1)～(5)の文は，ツバメについてのべたものです。正しいものには○，正しくないものには×と書きなさい。

[5点ずつ…合計25点]

(1) 夏になると，ツバメが巣をつくり終え，その中にたまごをうみつける。

(2) 夏になると，ひなは大きく育っていて，親ツバメからえさをもらおうと，黄色い口をあけて鳴いている。

(3) ツバメのひなは，空を飛べるようになると，巣から出てすぐに自分でえさをとりはじめる。

(4) ツバメのひなは，空を飛べるようになると，巣から出るが，えさをとれるようになるまでは親からえさをもらう。

(5) ツバメのひなは，南の国に帰る前日まで空を飛ばない。

(1)〔　　　　〕 (2)〔　　　　〕 (3)〔　　　　〕

(4)〔　　　　〕 (5)〔　　　　〕

4 右のグラフは，5月から8月の毎月の月はじめの1週間に，ヘチマのくきがどれだけのびたかをあらわしたものです。これについて，次の問いに答えなさい。

[10点ずつ…合計30点]

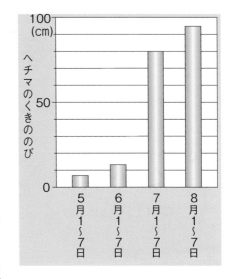

(1) 5月1日から7日までの間ののびは約何cmですか。 〔　　　cm〕

(2) 7月1日から7日まで，毎日同じずつのびたとすると，1日あたりどれだけのびたことになりますか。次のア～ウから1つ選び，記号を書きなさい。

〔　　　　〕

ア　約5cm　　　　　イ　約11cm　　　　　ウ　約80cm

(3) ヘチマのくきののび方について，正しいのはどれですか。次のア～ウから1つ選び，記号を書きなさい。 〔　　　　〕

ア　ヘチマのくきは，夏よりも春によくのびる。

イ　ヘチマのくきは，春よりも夏によくのびる。

ウ　ヘチマのくきは，春も夏も同じようにのびる。

テントウ
ムシの
よう虫

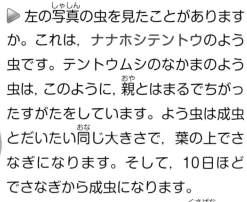

▷ 左の写真の虫を見たことがあります
か。これは，ナナホシテントウのよう
虫です。テントウムシのなかまのよう
虫は，このように，親とはまるでちがっ
たすがたをしています。よう虫は成虫
とだいたい同じ大きさで，葉の上でさ
なぎになります。そして，10日ほど
でさなぎから成虫になります。

▷ ナナホシテントウのよう虫は，草花につ
くアブラムシを食べてくれるので，人にとっ
てはありがたい虫です。このような虫をえき
虫といいます。ナミテントウのよう虫も同
じです。

▷ ところが，同じよう虫でも，ニジュウヤ
ホシテントウのよう虫のように，作物の葉を
食いあらす虫もいます。このような虫を害
虫といいます。

おたまじゃ
くしの
足の出方

▷ 夏になると，田んぼや池のおたまじゃくしに足が出て，
カエルになります。このとき，おたまじゃくしの足の出
方には決まりがあります。

▷ まず，後ろ足が先に出ます。そして後ろ足が出てから
10日くらいたつと，こんどは前足が出ます。後ろ足と前
足が出そろってすぐのころは，まだ，おが残っています
が，おは少しずつ短くなって，やがてなくなります。

おたまじゃくし

後ろ足が出たころ

前足が出たころ

5 月の形と動き

教科書の
まとめ→

⭐ 満月も半月も三日月も，光って見える部分がちがうだけで同じ月。

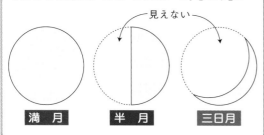

見えない

満月　　半月　　三日月

⭐ 左半分の半月は，夜明け前に，東〜南の空に光って見える。

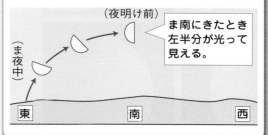

（夜明け前）

ま南にきたとき左半分が光って見える。

（ま夜中）

東　　南　　西

⭐ 月の形は，毎日少しずつ変わっていく。

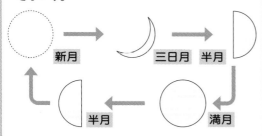

新月　　三日月　半月

半月　　　　　満月

⭐ 満月は，ひとばんじゅう見られ，ま夜中に，ま南にくる。

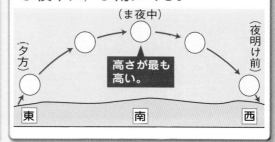

（ま夜中）

（夕方）　　　　　　　　（夜明け前）

高さが最も高い。

東　　南　　西

⭐ 右半分の半月は，夕方から，南〜西の空に光って見える。

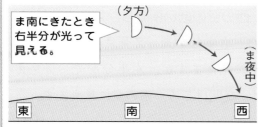

ま南にきたとき右半分が光って見える。

（夕方）

（ま夜中）

東　　南　　西

⭐ 月の動きは太陽とにており，東から出て，西へしずむ。

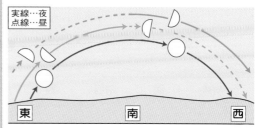

実線…夜
点線…昼

東　　南　　西

---

1 月の見え方

1 考えよう 半月と満月は，同じ月なのでしょうか。

正しいのは？
A 半月と満月は，まったくちがう月。
B 見え方がちがうだけで，同じ月。
C 満月が半分にわれたのが半月。

満月

三日月

右半分の半月

左半分の半月

● まんまるに光って見える月を満月といいます。また，半円の形に光って見える月を半月といいます。

● 半月には，ま南にきたとき右半分が光って見える半月と左半分が光って見える半月があります。

● 月の形には，満月と半月のほかに，三日月など，いろいろな形があります。

● どの形の月も，本当は同じ月で，ボールのような球の形をしており，光って見える部分がちがうだけです。

答 B

2 考えよう 三日月は，いつごろどの方位に，光って見えますか。

正しいのは？
A ま夜中，南の空に見える。
B 夕方，東の空に見える。
C 夕方，西の空に見える。

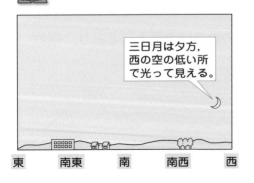

三日月は夕方，西の空の低い所で光って見える。

東　　南東　　南　　南西　　西

● 月の形によって，光って見える方位と時こくがちがいます。

● 満月はひとばん中見えますが，三日月は，夕方，西の空の低い所でしか見えません。

● また，右半分が光って見える半月は，夕方，南の空に見えますが，左半分が光って見える半月は，夜明けごろ，南の空に見えます。

答 C

3 考えよう 月の見え方には，何か決まりがあるのでしょうか。

正しいのは？

A 満月→半月→三日月→半月→満月の順。

B 満月→半月→満月→三日月→満月の順。

C 決まりはなく，日によってちがう。

● 月の見え方を毎日観察していると，ひとばんじゅう月の見えない日があります。このときの月を新月といいます。

● 新月をすぎると，月の光って見える部分が少しずつ広くなります。三日月は，新月の日を1日目として3日目の月です。

● そして，新月から約7日目に右半分の半月になり，約15日目に満月になります。

● 満月をすぎると，月の光って見える部分が少しずつせまくなります。新月から約23日目には左半分の半月になり，約30日目には，次の新月になります。　答 **A**

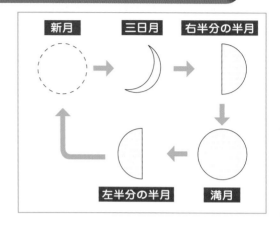

新月　三日月　右半分の半月

左半分の半月　満月

月の見え方は，毎日少しずつ変わるんだよ。

4 考えよう 月は，昼間は見られないのでしょうか。

正しいのは？

A 昼間は見られない。

B うっすらと白く見える。

C 満月のときだけ見える。

● 月は，昼間も見られます。ただし，夜のように明るく光って見えるのではなく，うっすらと白く見えます。

● 右半分の半月は，午後，南東の空に見えます。また，左半分の半月は，午前中，南西の空に見えます。　答 **B**

午後，南東の空に見える月（右半分の半月）

 たいせつポイント　月の見え方 ｛ 毎日，少しずつ形が変わって見える。
昼間も，うっすらと白く見える。

② 月の動き

月の位置は，時こくとともに変わります。そのため，月の動き方を調べるときには，月の位置を記録しなければいけません。

月の位置の調べ方

- ● 月の位置は，月のある方位と高さで決まります。
- ● 方位は方位じしんを使って調べます。また，高さは右の図のようににぎりこぶし１つぶんを約10°として調べ，角度で表します。
- ● 記録用紙には，まわりの景色もかいておくと，月の動きがよくわかります。

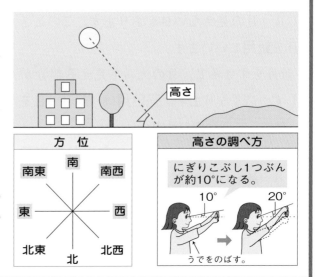

方　位

南東　南　南西
東　　　　西
北東　北　北西

高さの調べ方

にぎりこぶし１つぶんが約10°になる。

10°　　　20°

うでをのばす。

---

1 考えよう 夕方，南の空にある右半分の半月は，どのように動くだろうか。

正しいのは？

Ⓐ 西のほうへ下がっていく。
Ⓑ 西のほうへ上がっていく。
Ⓒ 東のほうへ下がっていく。

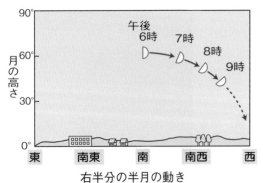

右半分の半月の動き

西のほうへと，しずんでいくね。

観察 夕方，南の空に見られる右半分の半月の位置を，１時間ごとに調べ，同じ記録用紙に記録します。

- ● 結果は，左の図のようになりました。
- ● 南の空にある右半分の半月は，時間がたつにつれて，かたむきを変えながら少しずつ低くなり，西のほうへ動きます。
- ● そして，ま夜中ごろに，西の地平線にしずみます。

答

2 考えよう　夜明け前に南東の空にある左半分の半月は、どのように動くか。

正しいのは？

Ⓐ　東のほうへ下がっていく。

Ⓑ　東のほうへ上がっていく。

Ⓒ　南のほうへ上がっていく。

◉ 夜明け前に南東の空にある左半分の半月は、ま夜中ごろ、東の空からのぼります。

◉ そして、時間がたつにつれて、かたむきを変えながら、少しずつ高くなり、南のほうへ動きます。

◉ 日の出が近づいて、空が明るくなってくると、半月はうっすらと白く見えるようになります。

答 Ⓒ

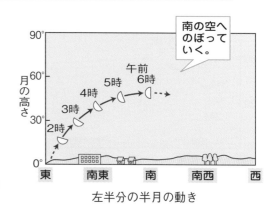

南の空へのぼっていく。

左半分の半月の動き

3 考えよう　満月は、どのように動くのだろうか。

正しいのは？

Ⓐ　西のほうから出て、東のほうにしずむ。

Ⓑ　東のほうから出て、南のほうにしずむ。

Ⓒ　東のほうから出て、西のほうにしずむ。

観察　満月の位置を、夕方から1時間ごとに調べ、同じ記録用紙に記録します。

◉ 満月は、太陽が西のほうにしずむころに、東のほうから出て、少しずつ高くなりながら、南の空へと動きます。

◉ そして、ま夜中ごろ、ま南にきます。このとき、高さが最も高くなります。

◉ そのあと、少しずつ低くなりながら、西のほうへと動いていき、太陽が東のほうからのぼるころ、西の地平線にしずみます。

◉ 満月も、半月と同じように、かたむきを変えながら、東から西へと動きます。

答 Ⓒ

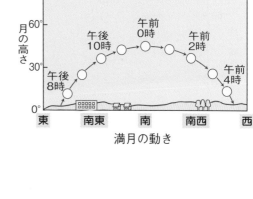

東からのぼる。

ま夜中にま南にくる。

西へしずむ。

満月の動き

満月のもようを見ると、かたむきながら動いているのがわかるよ。

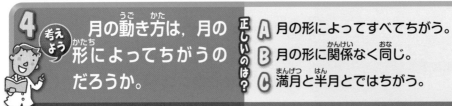

4 考えよう

月の動き方は，月の形によってちがうのだろうか。

正しいのは？

A 月の形によってすべてちがう。
B 月の形に関係なく同じ。
C 満月と半月とではちがう。

観察 右半分の半月と左半分の半月について，昼間の動き方を1時間ごとに調べます。

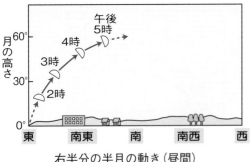

右半分の半月の動き（昼間）

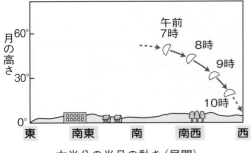

左半分の半月の動き（昼間）

● 結果は，左の図のようになりました。

● 午後，南東の空にある半月は，時間がたつにつれて，かたむきを変えながら少しずつ高くなり，南のほうへ動きます。

● 午前中，南西の空にある半月は，時間がたつにつれて，かたむきを変えながら少しずつ低くなり，西のほうへ動きます。

● 昼と夜の半月の動きをまとめると，下の図のようになります。半月も，満月と同じように，東から出てのぼっていき，ま南にきたとき最も高くなって，西へとしずんでいくことがわかります。

● 三日月の動きも，満月や半月と同じで，東から出て西にしずみます。

● このように，月の1日の動き方は，太陽の1日の動き方とよくにています。

答

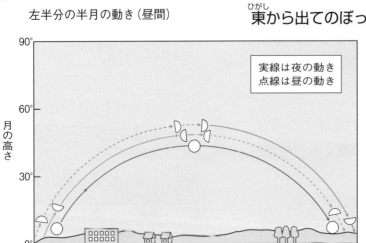

実線は夜の動き
点線は昼の動き

たいせつポイント **月の動き** { 太陽と同じように，東から出て西にしずむ。
ま南にきたときの高さが最も高い。

教科書のドリル

答え → 別さつ6ページ

❶ 次の文の（　）に，あてはまることばを書きなさい。

(1) 月は，①（　　　　　）のほうから出て，②（　　　　　）の空の高い所を通って，③（　　　　　）のほうにしずむ。

(2) 満月は，（　　　　　）ごろ，ま南の空に見られる。

(3) 月は，新月→①（　　　　　）→右半分が光る半月→②（　　　　　）→左半分が光る半月と変わり，ふたたび③（　　　　　）になる。

(4) 満月は①（　　　　　）見えるが，三日月は，夕方，②（　　　　　）の空でしか見えない。

(5) 月は，昼間も見られるが，夜のように明るく光っているのではなく，うっすらと（　　　　　）く見える。

❷ 月について説明した次の文から正しいものを1つ選びなさい。

（　　　）

ア　左半分の半月は，夕方ごろま南の空で見られる。

イ　月の位置は，月のある方位と高さで決まる。

ウ　最も高くなるときの方位は，月の形によってちがう。

❸ 西の空の低い所に，下の図のような月が見られました。これについて，下の問いに答えなさい。

(1) このような形をした月を何といいますか。（　　　　　）

(2) この月が，西の空の低い所に見られるのはいつごろですか。次のア〜ウから選びなさい。（　　　）

ア　朝，太陽が出る少し前

イ　夕方，太陽がしずんだすぐあと

ウ　ま夜中の午前0時ごろ

❹ 下の図は，満月の動くようすをあらわしています。

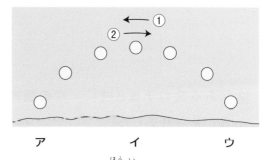

ア　　　　イ　　　　ウ

(1) ア〜ウの方位はそれぞれ何ですか。

ア（　　　）　イ（　　　）
ウ（　　　）

(2) 満月の動く向きは，①，②のどちらの向きですか。（　　　）

テストに出る問題

1 次の文は，月について書いたものです。正しいものには○，まちがっているものには×と書きなさい。 [5点ずつ…合計25点]

(1) 月の位置は，高さと方位で表す。

(2) 満月は，夕方東のほうから出て，朝方西のほうにしずむ。

(3) 月は，日によって東から出たり西から出たりする。

(4) 月は，日によって見え方が変わるだけで，月そのものの形は変わらない。

(5) 月は，毎日同じ時こくに同じ位置に見える。

(1)〔　　　〕(2)〔　　　〕(3)〔　　　〕

(4)〔　　　〕(5)〔　　　〕

2 月の形と動き方について，次の問いに答えなさい。 [4点ずつ…合計36点]

(1) 次の①～④にあてはまる月を，下のア～オから1つずつ選びなさい。

① 夕方，西の空に見られる月 〔　　　〕

② ひとばんじゅう見られる月 〔　　　〕

③ 明け方，南の空に見られる月 〔　　　〕

④ 夕方，南の空に見られる月 〔　　　〕

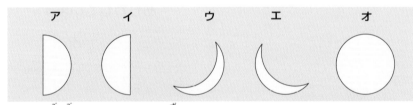

(2) ある日の午後8時に，右の図のような満月が見られました。

① ア～ウの方位は，それぞれ東，西，南，北のどの方位ですか。

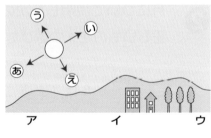

ア〔　　　〕 イ〔　　　〕

ウ〔　　　〕

② このあと，時間がたつにつれて，満月はあ～えのどの方向に動きますか。

〔　　　〕

③ 次に満月になるのは，この日から約何日後ですか。 〔約　　　日後〕

3 ある日，右の図のような月が見られました。これについて，次の問いに答えなさい。

[5点ずつ…合計20点]

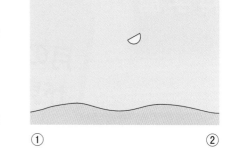

(1) ①と②の方位を，それぞれ次のア～エから1つずつ選び，記号を書きなさい。

①〔　　　〕②〔　　　〕

ア　東　　　　イ　西
ウ　南　　　　エ　北

(2) このような月が見られたのは何時ごろですか。次のア～エから1つ選び，記号を書きなさい。　　　　　　　　　　　〔　　　〕

ア　午後6時ごろ
イ　午後9時ごろ
ウ　午前3時ごろ
エ　午前6時ごろ

(3) このときに見られた月は，このあとどのように動きますか。次のア～ウから1つ選び，記号を書きなさい。　　　　　　〔　　　〕

ア　南の空へのぼっていく。
イ　西へしずんでいく。
ウ　東へしずんでいく。

4 下の①～⑦の月について，あとの問いに答えなさい。

[合計19点]

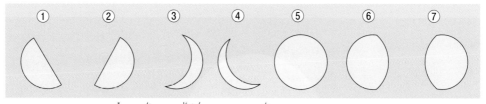

(1) ①～⑦の月を，満ち欠けの順にならべ変えなさい。ただし，⑤をはじめとします。

[9点]〔⑤→　　→　　→　　→　　→　　→　　→⑤〕

(2) あるとき，月が見られないときがありました。このときの月を，何といいますか。

[5点]〔　　　　　〕

(3) (2)の月になるのは，①～⑦の中ではどれ→どれの間ですか。番号を書きなさい。

[5点]〔　　→　　〕

月のうら側が見えるか

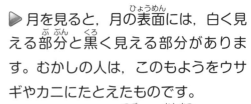

▷ 月を見ると，月の表面には，白く見える部分と黒く見える部分があります。むかしの人は，このもようをウサギやカニにたとえたものです。

▷ ところで，月を続けて観察していると，おもしろいことに気がつきます。時間がたつにつれて，もようのかたむきは変わっても，もようそのものは同じだということです。月が満ち欠けしても，月のもようそのものは変わりません。

▷ 月は球形をしていますが，地球にはいつも同じ面しか向けていません。ですから，地球から月のうら側を見ることはできません。

月から地球を見ると…

▷ 地球から月を見ると，月は満ち欠けして見えます。これは，月の光って見える部分がちがうからです。

▷ では，月は自分で光っているのかというと，そうではありません。太陽の光をはね返して光って見えるのです。

▷ 月が太陽の光で光って見えるのだったら，地球はどうかというと，地球も光って見えます。

▷ 月から地球を見ると地球が光って見え，しかも，月と同じように満ち欠けして見えます。

6 夏の空の星

教科書の
まとめ

★ 星の明るさや色は，星によって
ちがう。

星の明るさ

○ ○ ○ ......

| 1等星 | 2等星 | 3等星 |

明るい ━━━━━━━━━━ 暗い ▶

星の色

○ ○ ○ ......

（赤っぽい）（白っぽい）（青っぽい）

アンタレス

★ 夏の夜空のいちばん明るい3つの
1等星を結ぶと夏の大三角ができる。

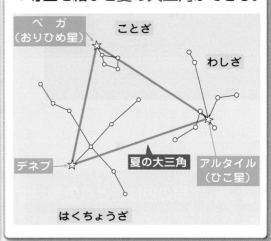

★ 星のまとまりに動物や道具などの
名前をつけたものを星ざという。

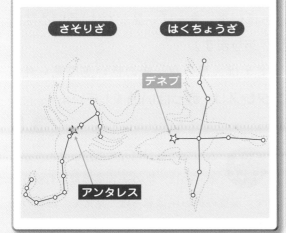

★ 星や星ざは時間とともに動いてい
くが，星のならび方は変わらない。

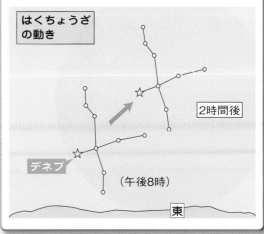

1 星の明るさと色

1 考えよう 星の明るさは，どれも同じでしょうか。

正しいのは？
A 星の明るさは，みんな同じ。
B 星の明るさは，みんなちがう。
C 明るい星と暗い星の2種類がある。

いろいろな明るさの星

観察 夜，空にある星の明るさにちがいがあるかどうか，くらべてみましょう。

🔵 夜，星空をながめると，明るく光って見える星や暗い星など，いろいろな明るさの星があるのがわかります。

🔵 星の明るさは星によってちがい，目に見える星が明るいほうから順に，1等星，2等星，3等星，4等星，5等星，6等星というように分けられています。　　　**答 B**

2 考えよう 星の色は，どれも同じでしょうか。

正しいのは？
A 星の色は，みんな同じ。
B 星の色は，みんなちがう。
C 白っぽい色と黄色っぽい色の2種類。

🔵 星の色も，星によってちがい，白っぽい星や赤っぽい星，青っぽい星など，いろいろな色の星があります。

🔵 たとえば，夏の夜，南の低い空に見られる**アンタレス**は，**赤っぽい色**をしています。　　**答 B**

アンタレス
（中央の星）

もっとくわしく なぜ星の色がちがうのか…星の色がちがうのは，星の表面の温度がちがうからです。温度の低い星は赤っぽく見えて，温度の高い星は青っぽく見えます。

3 考えよう 夏の夜，南の低い空に見られる右の図の星ざを何といいますか。

正しいのは？

A わしざ
B はくちょうざ
C さそりざ

● 星をいくつかのまとまりに分けて，動物や道具などに見たてて名前をつけたものを，星ざといいます。

● たとえば，夏の午後8時ごろ，南の低い空を見ると，右の写真のような星ざが見られます。この星ざは，形がさそりににていることからさそりざといいます。

● 56ページで見たアンタレスは，さそりざの1等星です。さそりざのほかの星は，2等星や3等星です。

答 C

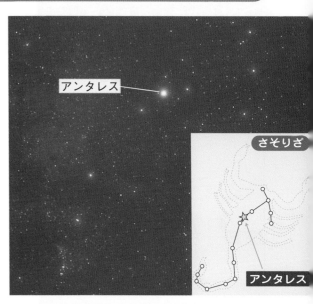

アンタレス

さそりざ

アンタレス

星ざを観察するときは，**星ざ早見**を使うと便利です。星ざ早見を使うと，いつ，どの方位に，どんな星ざが見られるかがわかります。

星ざ早見の使い方

❶ 内側の時こく板を回して，見たい日の月日と時こくを合わせる。

❷ 観察したい方位（南だったら南）を向いて立つ。

❸ 南の空を観察するときは，星ざ早見の南が下になるようにして星ざ早見を持ち，上にかざす。

❹ かい中電とうで星ざ早見に光を当てながら，じっさいの星とくらべてみる。

7月14日の午後8時は上のようにするよ。

星ざ早見の持ち方

北の空の見かた　　南の空の見かた

たいせつポイント

星は，明るいほうから1等星，2等星…と分ける。
星のまとまりに名前をつけたものを星ざという。

2 夏の大三角

考えよう 夏の大三角をつくるのは，何という1等星でしょうか。

正しいのは？

A ベガ・アンタレス・アルタイル

B デネブ・アンタレス・プロキオン

C ベガ・デネブ・アルタイル

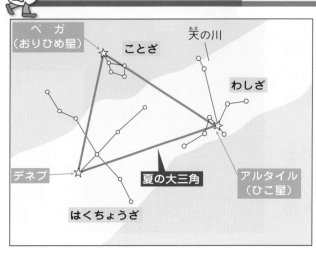

ベガ（おりひめ星）
ことざ
天の川
わしざ
デネブ
夏の大三角
アルタイル（ひこ星）
はくちょうざ

◯ 7月初めの午後8時ごろ，東の空を見ると，3つの明るい星が見えます。はくちょうざのデネブ，ことざのベガ（おりひめ星），わしざのアルタイル（ひこ星）です。

◯ この3つの明るい星は，どれも1等星です。この3つの星を線で結んでできる三角形を，夏の大三角といいます。

◯ 夏の大三角は，夏の夜空でいちばん目立つ星です。　答 C

たいせつポイント

夏の大三角 { デネブとベガとアルタイルを結んだ三角形。
夏の夜，東の空に見られる。

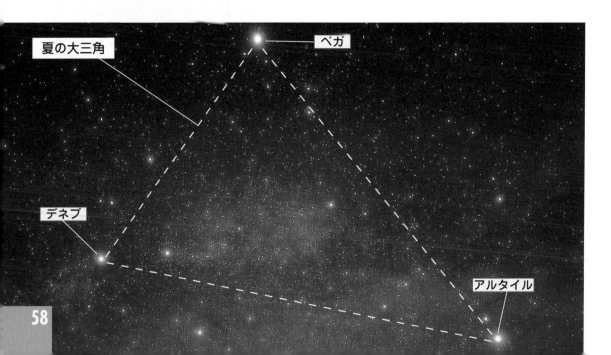

夏の大三角
ベガ
デネブ
アルタイル

58

3 夏の空の星の動き

考えよう はくちょうざは，時間がたつとどうなるでしょうか。

正しいのは？

A じっとして動かない。

B 動く星と動かない星がある。

C すべての星がいっしょに動く。

観察 夏の夜，東の空に見えるはくちょうざの位置と星のならび方を，午後8時と午後10時に調べます。

● はくちょうざの星は，**すべていっしょに右上へと動きます**。星が動いても，はくちょうざの星のならび方は変わりません。

● はくちょうざは，その後，ま上を通って西へと動きます。　　　**答 C**

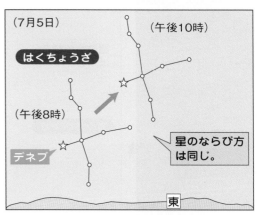

（7月5日）　　　　　　　（午後10時）

はくちょうざ

（午後8時）

星のならび方は同じ。

デネブ

東

はくちょうざの星の動き

考えよう 夏の大三角は，時間がたつとどうなるでしょうか。

正しいのは？

A 三角形が大きくなっていく。

B 三角形はそのまま，東から西へ動く。

C 三角形が小さくなっていく。

観察 夏の夜，東の空に見える夏の大三角の位置と星のならび方を，午後8時と午後10時に調べます。

● 夏の大三角をつくるデネブとベガとアルタイルは，**すべていっしょに上へと動きます**。星が動いても，夏の大三角の星のならび方は変わりません。

● 夏の大三角は，その後，ま上を通って西へと動きます。　　　**答 B**

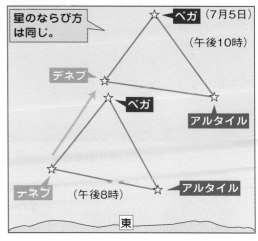

星のならび方は同じ。

ベガ　（7月5日）

（午後10時）

デネブ

ベガ

アルタイル

デネブ　（午後8時）　　アルタイル

東

夏の大三角の動き

3 考えよう 北の低い空にあるカシオペヤざは，どちらへ動きますか。

正しいのは？
A 高さはそのまま，東へ動く。
B 上のほうへ動く。
C 高さはそのまま，西へと動く。

カシオペヤざ

(8月30日)

（午後10時）

星のならび方は同じ。

カシオペヤざ

（午後8時）

北

カシオペヤざの動き

● 夏の終わりの午後8時ごろ，北の低い空に，左の写真のような星ざが見られます。この星ざは**カシオペヤざ**といいます。

観察 カシオペヤざの位置と星のならび方を，午後8時と午後10時に調べます。

● カシオペヤざの星はすべていっしょに上へと動きます。星が動いても，カシオペヤざの星のならび方は変わりません。

● カシオペヤざは，その後，時計のはりとは反対の向きに，北の空を，円をかくように動きます。 答 B

北の空の星の動きをとった写真

もっとくわしく **北極星**…カシオペヤざが動く円の中心には北極星という星があります。カシオペヤざだけでなく，北の空の星はすべて，時計のはりとは反対の向きに円をかくように動いています。北極星は，ほとんど動きません。

北の空の星を長時間続けて写真にとると，左のようになります。連続している光の線が星の動いたあとです。円の中心に北極星があります。

たいせつポイント 星ざの動き方 { すべての星がいっしょに動く。
星のならび方は変わらない。

1 次の文のうち，正しいものには○，まちがっているものには×を書きなさい。

(1) 星の色や明るさは，星によってちがっている。　（　　）

(2) 星ざをつくる星のならび方は，時間がたつと変化する。　（　　）

(3) 南の空やま上の空の星は，西から東に向かって動く。　（　　）

2 下の図は，夏の夜空でいちばんよく目立つ星をかいたものです。

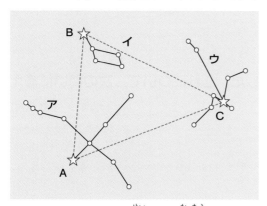

(1) ア・イ・ウの星ざの名前を，それぞれ書きなさい。

　　　　　ア（　　　　　　）

　　　　　イ（　　　　　　）

　　　　　ウ（　　　　　　）

(2) A・B・Cの1等星の名前を，それぞれ書きなさい。

　　　　　A（　　　　　　）

　　　　　B（　　　　　　）

　　　　　C（　　　　　　）

(3) A，B，Cの3つの1等星を結ぶと，図のような大きな三角形ができます。この三角形を何といいますか。

　　　　（　　　　　　　　）

3 下の図は，夏のある日の午後8時ごろ，東の空に見えたはくちょうざをスケッチしたものです。はくちょうざは，このあとア〜エのどの向きに動きますか。　（　　）

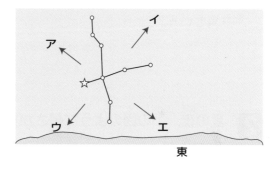

東

4 右の図は，星の動きを写真にとったものです。

(1) 東・西・南・北のどの方位の星の動きをとった写真ですか。

　　（　　）

(2) アの星を何といいますか。

　　　　（　　　　　　　）

(3) アのまわりの星は，イ・ウのどちらの向きに動きますか。　（　　）

テストに出る問題

1 次の(1)～(4)の文のうち，正しいものには○，まちがっているものには×と書きなさい。　[4点ずつ…合計16点]

(1) 星の明るさは星によってちがい，明るいほうから順に，1等星，2等星，3等星，4等星，5等星，6等星というように分けられている。

(2) 星の色は星の温度によってちがい，温度の低い星は青っぽく見えて，温度の高い星は赤っぽく見える。

(3) 星ざ早見で南の空の星を観察するとき，星ざ早見の南が上になるようにして，星ざ早見を持ち，上にかざして，じっさいの星とくらべる。

(4) 7月の初めの午後8時ごろ，東の空を見ると，デネブ，ベガ，アンタレスという3つの明るい星が見られる。この3つの明るい星を結んでできる三角形を夏の大三角という。

(1)〔　　　〕　(2)〔　　　〕　(3)〔　　　〕　(4)〔　　　〕

2 夏の夜，下の図のような星ざが見えました。これについて，次の問いに答えなさい。　[4点ずつ…合計16点]

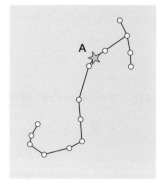

(1) この星ざの名前を書きなさい。
〔　　　　　　　〕

(2) Aの赤色の1等星の名前を書きなさい。
〔　　　　　　　〕

(3) Aの星とそのとなりの白い星とでは，どちらのほうが温度が高いですか。次のア～ウから1つ選び，記号を書きなさい。　〔　　　〕

　ア　Aの星　　　　イ　となりの白い星　　　ウ　どちらも同じ

(4) この星ざは，どのような所でよく見られますか。次のア～エから1つ選び，記号を書きなさい。　〔　　　〕

　ア　南の高い空　　　　イ　南の低い空
　ウ　北の高い空　　　　エ　北の低い空

3 夏の夜，東の低い空の星の動きを観察しました。下の図は，そのときのスケッチです。これについて，次の問いに答えなさい。　　　　　[4点ずつ…合計44点]

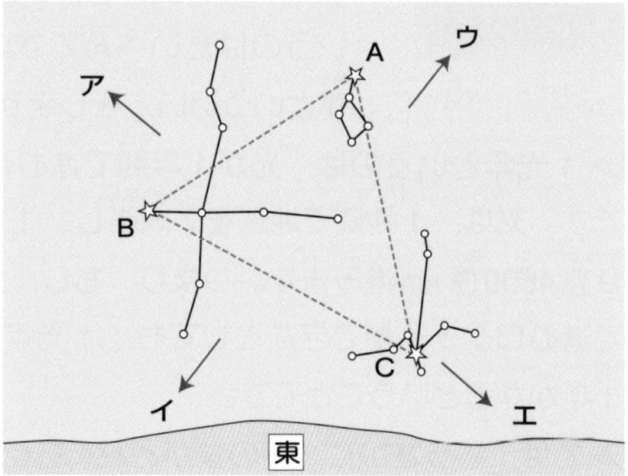

(1) A，B，Cのそれぞれの星の名前を書きなさい。

A〔　　　　　　　　〕

B〔　　　　　　　　〕

C〔　　　　　　　　〕

(2) A，B，Cそれぞれの星をふくんでいる星ざの名前を，それぞれ書きなさい。

A〔　　　　　　　〕　B〔　　　　　　　〕　C〔　　　　　　　〕

(3) 点線でかいた三角形を何といいますか。　　　　　　　　　〔　　　　　　　　　〕

(4) 2時間後，これらの星の集まりは，ア，イ，ウ，エのどの方向に動いていますか。

〔　　　　　〕

(5) 星の集まりで，時間がたっても変わらないものを，次のア〜オから3つ選び，記号を書きなさい。　　　　　　　　　　　　〔　　　〕〔　　　〕〔　　　〕

ア　向き　　　イ　位置　　　ウ　ならび方　　　エ　明るさ　　　オ　色

4 北の空の星の動きを観察しました。下の図は，そのときのスケッチです。これについて，次の問いに答えなさい。　　　　　[4点ずつ…合計24点]

(1) アの星を何といいますか。〔　　　　　　　　〕

(2) アの星は，時間がたつと動きますか。

〔　　　　　　　　〕

(3) カシオペヤざは，時間がたつと，あ，いのどちらに動きますか。　　　　　　　　〔　　　〕

(4) 北の空の星の動きをまとめた次の文で，〔　〕にあてはまることばを書きなさい。

北の空の星は，①〔　　　　　〕を中心として，円をかくように時計のはりの動く向きとは②〔　　　　　〕向きに動き，1日たつとほぼ③〔　　　　　　〕位置に見える。

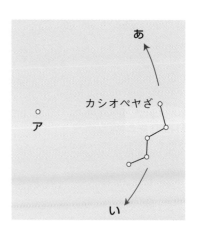

▶星は，地球からとても遠いところにあります。そのため，地球から星までのきょりをいうときには，km でいうのはたいへんです。そこで，光年といういい方をします。

▶1光年というのは，光が1年間で進むきょりのことです。光は，1秒間で地球を7周半し，1年間だと，約9兆4600億 km 進みます。つまり，もし，光と同じ速さで進むロケットができたとしても，1光年のきょりにある星だと，その星まで行くのに1年かかるということです。

▶では，じっさいに，空の星がどれくらいのきょりにあるのかというと，たとえば，夏の大三角をつくることざのベガは25光年，わしざのアルタイルは17光年，はくちょうざのデネブは1800光年のきょりにあります。また，夏の南の低い空にあるさそりざのアンタレスは500光年のきょりにあります。最も遠い星は，100億光年以上はなれた所にあるといわれています。

▶光の速さだと，月まで1.3秒，太陽まで8分19秒ですから，空の星がいかに遠くにあるのかがわかります。

夏の大三角

ベガ
25 光年

デネブ
1800 光年

アルタイル
17 光年

7 空気と水

★ 空気をふくろなどにとじこめて手
でおすと，手ごたえを感じる。

ポリぶくろ

（おす）→ ← （おす）

手ごたえを感じるのは，中に空気が入っているから。

★ おしちぢめられた空気は，もとの
かさ（体積）にもどろうとする。

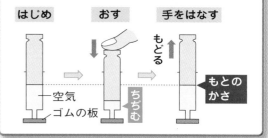

はじめ　　　おす　　　手をはなす

もどる

空気
ゴムの板

ちぢむ

もとのかさ

★ 空気は，水の中ではあわになり，
目で見ることができる。

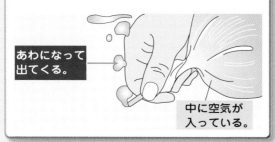

あわになって
出てくる。

中に空気が
入っている。

★ 水はおしちぢめられない（おしこ
んでも，かさが変わらない）。

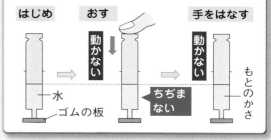

はじめ　　　おす　　　　手をはなす

動かない

動かない

水
ゴムの板

ちぢま
ない

もとのかさ

★ 空気はおしちぢめられ,小さくおし
ちぢめられるほど手ごたえが大きい。

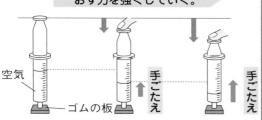

おす力を強くしていく。

空気
ゴムの板

手ごたえ

手ごたえ

★ 空気でっぽうでは，おしちぢめられ
た空気がもとにもどる力で玉が飛ぶ。

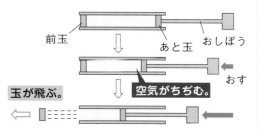

前玉　　　　　あと玉　　おしぼう

玉が飛ぶ。

空気がちぢむ。

おす

65

1 空気があることのたしかめ方

 **1 考えよう** ポリぶくろに空気をとじこめ，少しずつおすとどうなるだろうか。

正しいのは？

Ⓐ おされてふくろがのびる。

Ⓑ おされてしぼんでしまう。

Ⓒ しぼまないで，手ごたえを感じる。

⚫ ポリぶくろに空気をとじこめて手でおすと，ふわふわとした手ごたえを感じます。

⚫ 手ごたえを感じるのは，ポリぶくろの中に空気が入っているからです。

答 Ⓒ

2 考えよう からのコップの中には，何か入っているのでしょうか。

正しいのは？

Ⓐ 何も入っていない。

Ⓑ 空気が入っている。

Ⓒ 空気ではない別のものが入っている。

コップ

ポリぶくろ

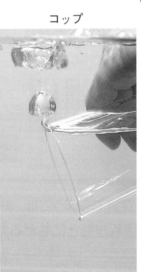

実験 空気をとじこめたふくろの口を水の中で開いてみましょう。また，からのコップをさかさにして水におしこみ，かたむけてみましょう。

⚫ ふくろの口をあけると，中に入っていた空気が水の中に出て，あわになります。

⚫ からのコップを水の中でかたむけると，あわが出ます。このことから，からのコップの中には空気が入っていたことがわかります。

答 Ⓑ

 たいせつポイント 空気 { ふくろにとじこめると，手ごたえを感じる。 目には見えないが，水の中ではあわになって見える。

2 空気のかさ（体積）と力

 1 **考えよう** とじこめた空気は，おしちぢめることができるでしょうか。

正しいのは？
- **A** 少しはおしちぢめられる。
- **B** ぜんぜんおしちぢめられない。
- **C** 空気がなくなるまでおしちぢめられる。

 実験 注しゃ器に空気をとじこめ，ピストンをおしこんでみましょう。

これ以上おしこめない。

ゴムの板

● 右の図のようにしておすと，ピストンをおし下げることができます。おす力を強くすると，ピストンは深くまで入りますが，ある所まで下がると，それ以上おしこめません。

● このように，空気は，おしちぢめられて，かさが小さくなります。 **答 A**

 2 **考えよう** 空気をとじこめた注しゃ器をおしたときの手ごたえはどうですか。

正しいのは？
- **A** ほとんど手ごたえがない。
- **B** おし下げるほど，おしもどす力が強い。
- **C** おし下げるほど，おしもどす力が弱い。

● とじこめた空気をおしちぢめると，空気のかさが小さくなりますが，おしたときの手ごたえは大きくなります。

● これは，おしちぢめられた空気がピストンをおしもどすからです。このおしもどす力は，空気のかさが小さくおしちぢめられるほど強くなります。 **答 B**

 もっとくわしく 目でたしかめる…注しゃ器の中にけむりを入れてピストンをおすと，けむりがだんだんこくなります。こうすると，空気がおしちぢめられるようすを，目で見ることができます。

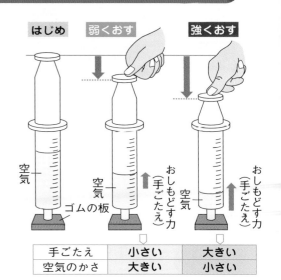

	はじめ	弱くおす	強くおす
手ごたえ		小さい	大きい
空気のかさ		大きい	小さい

3 考えよう ピストンをおしこんでいた手をはなすと，どうなるでしょう。

正しいのは？

Ⓐ ピストンはそのままで動かない。
Ⓑ ピストンはもとの位置以上にもどる。
Ⓒ ピストンはもとの位置にもどる。

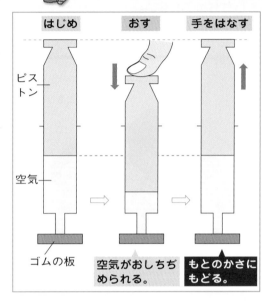

はじめ　おす　手をはなす

ピストン

空気

ゴムの板

空気がおしちぢめられる。

もとのかさにもどる。

実験　空気をとじこめた注しゃ器のピストンをおしこみ，手をはなしてみましょう。

⚫ 実験の結果は，

① おさえている手をはなすと，ピストンは，すぐもとの位置までもどります。

② おさえる力を強くしても弱くしても，もとの位置までもどります。

⚫ このようになるのは，おしちぢめられた空気にはもとのかさにもどろうとするせいしつがあるからです。　答 Ⓒ

4 考えよう とじこめた空気のせいしつを使っている物はどれでしょう。

正しいのは？

Ⓐ 水でっぽう，ふん水，温度計
Ⓑ ゴムボート，ドッジボール，うき輪
Ⓒ やじろべえ，たこ，かざぐるま

⚫ 空気のせいしつは，次のとおりです。

① 風船やポリぶくろをふくらませる。

② 空気をとじこめた物を水に入れると，うく。

③ 空気をいっぱいとじこめた物は，はずむ。

⚫ このようなせいしつを利用した物には，ゴムボートやうき輪，ドッジボールやバレーボール，自転車のタイヤなどがあります。

答

 たいせつポイント　空気 { とじこめた空気をおすと，空気のかさは小さくなる。小さくおしちぢめるほど，もとにもどろうとする力が強い。

3 水のかさ（体積）と力

1 考えよう　とじこめた水も，空気のようにおしちぢめられるでしょうか。

正しいのは？
Ⓐ おしちぢめて，水のかさを小さくできる。
Ⓑ 少しだけなら，おしちぢめられる。
Ⓒ おしちぢめられない。

実験　注しゃ器の中に水を入れて，ピストンをおしてみましょう。

🔵 注しゃ器に空気を入れてピストンをおすと，空気はおしちぢめられますが，水を入れてピストンをおしてもピストンは動きません。

🔵 このことから，水はおしちぢめることができないことがわかります。　答 Ⓒ

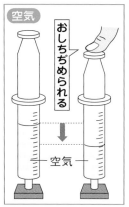
空気　おしちぢめられる　空気

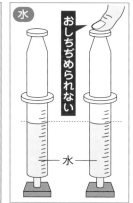
水　おしちぢめられない　水

2 考えよう　とじこめた水をおしていた手をはなすと，どうなるでしょう。

正しいのは？
Ⓐ ピストンははね上がる。
Ⓑ ピストンは1cmだけ上がる。
Ⓒ ピストンは動かない。

実験　注しゃ器に水を入れ，強くおした手をはなすと，ピストンはどうなるでしょう。

🔵 水はおしちぢめることができないので，ピストンにはおしもどす力がはたらきません。

🔵 そのため，ピストンをおしていた手をはなしても，ピストンは動きません。　答 Ⓒ

手をはなしても，ピストンは動かないよ。

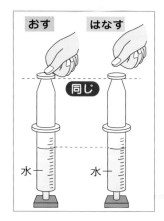
おす　はなす　同じ　水　水

たいせつポイント
水 { おしちぢめることができない。
おしもどす力がはたらかない。

4 空気でっぽう

1 考えよう 空気でっぽうで玉が飛ぶのは，どうしてでしょうか。

正しいのは？

Ⓐ おしぼうが前玉をおすから。

Ⓑ 玉と玉の間の空気が前玉をおすから。

Ⓒ あと玉が前玉をおすから。

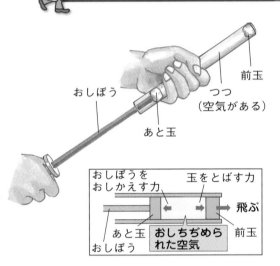

おしぼう
前玉
つつ（空気がある）
あと玉

おしぼうをおしかえす力　玉をとばす力
あと玉　おしちぢめられた空気　前玉　飛ぶ

● 左の図のように，空気でっぽうには，前玉とあと玉の２つの玉が必要です。

● 前玉とあと玉の間には，空気がとじこめられています。そこで，あと玉をおしぼうでおすと，間の空気がおしちぢめられます。

● あと玉がつつの半分くらいまで入り，間の空気が強くおしちぢめられると，空気がもとのかさにもどろうとして，前玉をおし飛ばします。

答 Ⓑ

2 考えよう 空気でっぽうのおしぼうの長さは，どれくらいがよいでしょう。

正しいのは？

Ⓐ つつより少し短いくらいがいい。

Ⓑ つつの半分くらいがいい。

Ⓒ つつより少し長いくらいがいい。

おしぼうの長さ
×
○
×

ぜったいに，人のほうに向けて飛ばさないこと！

● 空気でっぽうの玉は，つつの中にとじこめられた空気がおしちぢめられて，もとのかさにもどろうとする力で飛ぶのです。

● ですから，おしぼうの長さが短すぎると，空気があまりおしちぢめられず，玉が飛びません。

● また，おしぼうの長さが長すぎると，あと玉はつつの先からおし出してしまいます。

● おしぼうの長さは，つつの長さより少し短いくらいがよいのです。

答 Ⓐ

3 考えよう 玉をよく飛ばすには, 玉をどのようにつめればよいでしょうか。

正しいのは？
A 玉とつつの間にすきまをあけてつめる。
B 玉とつつの間をすきまなくつめる。
C 玉に少しあなをあけてつめる。

● 空気でっぽうの玉は右の図のように, ジャガイモやぬらしたティッシュペーパーを使います。

● 右の図では, どちらの場合も玉とつつの間をすきまなくつめています。すきまなくつめないと, 玉はよく飛びません。

● これは, どこかにすきまがあると, とじこめた空気がすきまからにげていき, とじこめた空気がおしちぢめられないからです。

答 **B**

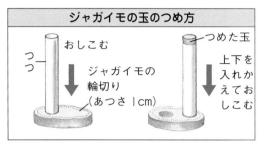

ジャガイモの玉のつめ方
つつ　おしこむ　ジャガイモの輪切り（あつさ 1cm）　つめた玉　上下を入れかえておしこむ

ティッシュペーパーの玉のつめ方
水でしめらせて, まるめる。
水
すきまなくつめる。

4 考えよう 空気でっぽうの玉と玉の間に水を入れても, 玉は飛ぶでしょうか。

正しいのは？
A 空気のときと同じように, よく飛ぶ。
B 少し飛ぶ。
C ほとんど飛ばない。

実験 空気でっぽうに, 空気のかわりに水を入れて, おしぼうであと玉をおします。

● 実験の結果, あと玉を少しおしただけで前玉は落ちてしまい, 飛びません。

● これは, 水は空気とちがい, おしちぢめられないので, 前玉をはじきとばす力がうまれないからです。

答 **C**

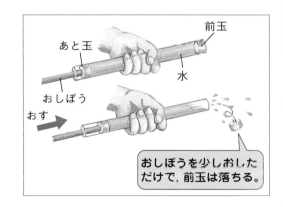

前玉
あと玉
水
おしぼう
おす

おしぼうを少しおしただけで, 前玉は落ちる。

たいせつポイント 空気でっぽう
{ 空気がもとにもどる力で玉を飛ばす。
空気のかわりに水を入れると飛ばない。

◎ 空気や水のせいしつを使ったおもちゃ（1）

ふんすい

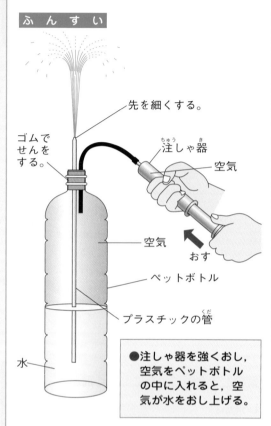

先を細くする。

ゴムでせんをする。

注しゃ器

空気

空気

おす

ペットボトル

プラスチックの管

水

●注しゃ器を強くおし，空気をペットボトルの中に入れると，空気が水をおし上げる。

ペットボトルロケット

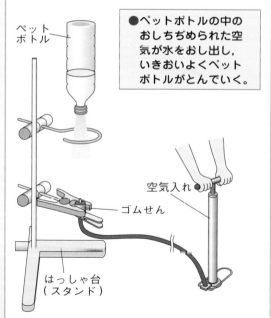

ペットボトル

●ペットボトルの中のおしちぢめられた空気が水をおし出し，いきおいよくペットボトルがとんでいく。

空気入れ

ゴムせん

はっしゃ台（スタンド）

マヨネーズのよう器の空気でっぽう

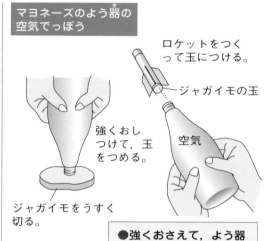

ロケットをつくって玉につける。

ジャガイモの玉

空気

強くおしつけて，玉をつめる。

ジャガイモをうすく切る。

●強くおさえて，よう器の中の空気をちぢめる。

ゴム風船の船（車）

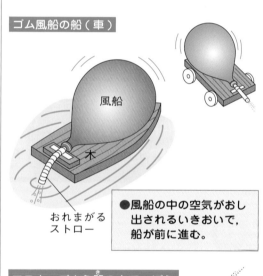

風船

木

おれまがるストロー

●風船の中の空気がおし出されるいきおいで，船が前に進む。

マヨネーズよう器の水でっぽう

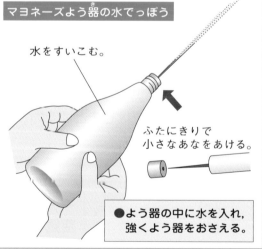

水をすいこむ。

ふたにきりで小さなあなをあける。

●よう器の中に水を入れ，強くよう器をおさえる。

答え → 別さつ**9**ページ

1 (1)～(3)のようにして，ふくろや風船(ふうせん)，つつに空気をとじこめました。中にたくさんの空気が入(はい)っているほうに，○をつけなさい。

(1)

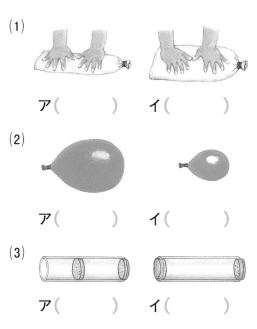

ア（　　　）　　イ（　　　）

(2)

ア（　　　）　　イ（　　　）

(3)

ア（　　　）　　イ（　　　）

2 図(ず)のような空気でっぽうの玉(たま)が飛(と)ぶわけを調(しら)べました。下の問いに答(こた)えなさい。

前玉　　　　あと玉

(1) 前玉(まえだま)が飛び出すのは，あと玉が前玉に当(あ)たってからですか，当たる前ですか。　　（　　　　　）

(2) このことから，前玉は何(なに)におされて飛び出すといえますか。

（　　　　　）

(3) 右の図のように，空気でっぽうの先を水の中に入れて，おしぼうをおしました。どうなりましたか。次のア～ウから1つ選(えら)び，記号(きごう)を書(か)きなさい。（　　　）

水

ア　玉は飛び出さない。

イ　玉が出て，あわが出る。

ウ　玉が出て，あわは出ない。

3 下のア～エのような空気でっぽうをつくりました。この中で，おしぼうの長(なが)さがいちばんよいのはどれですか。ア～エから1つ選び，記号を書きなさい。

（　　　）

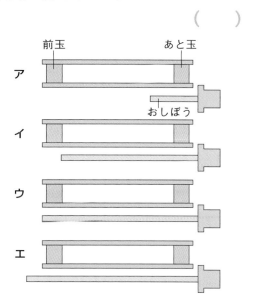

前玉　　　　あと玉

ア

おしぼう

イ

ウ

エ

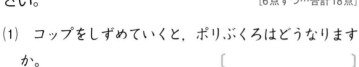

1 紙コップの底にあなをあけ，ポリぶくろをかぶせ
て，右の図のようにコップを水の中にしずかにし
ずめていきました。これについて，次の問いに答えな
さい。　　　　　　　　　　　　　　　[6点ずつ…合計18点]

あな

水

(1)　コップをしずめていくと，ポリぶくろはどうなります
か。　　　　　　　　　　　　　　　〔　　　　　　　〕

(2)　ポリぶくろの中には，何が入っていきますか。

〔　　　　　　　〕

(3)　ポリぶくろに入ったものは，もとはどこにあったものですか。

〔　　　　　　　〕

2 2本の注しゃ器に，空気と水をべつべつに
とじこめました。次の(1)～(4)の文は，空気
と水のどちらをとじこめたものについて書いた
ものですか。それぞれ，空気または水と書きな
さい。　　　　　　　　　[5点ずつ…合計20点]

(1)　ピストンをおしても，ぜんぜん動かなかった。

〔　　　　〕

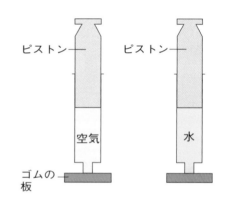

ピストン

ピストン

空気

水

ゴムの
板

(2)　ピストンをおすと，ピストンが少し下がった。　　　　　〔　　　　　　　〕

(3)　ピストンをおしている手をはなすと，すぐにもとの位置までもどった。

〔　　　　　　　〕

(4)　ピストンをおしている手をはなしても動かなかった。　　〔　　　　　　　〕

3 次の文の〔　　〕にあてはまることばを書きなさい。　　[6点ずつ…合計18点]

(1)　とじこめられた①〔　　　　　　　〕をおしちぢめると，おしちぢめるにつれて，手ご
たえが②〔　　　　　　〕くなる。

(2)　とじこめられた①〔　　　　　　　〕はおしちぢめることができるが，とじこめられた
③〔　　　　　　　〕はおしちぢめることができない。

4 右の図のように，ピンポン玉を水にうかべて，さらに紙コップをかぶせて水の中におしこみました。この実験について，次の問いに答えなさい。 ［合計26点］

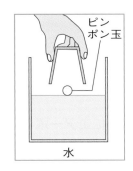  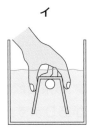

(1) ピンポン玉は，上の図のア，イのどちらになりますか。 ［6点］〔　　　　〕

(2) (1)のようになるのは，コップの中に何があるからですか。 ［7点］〔　　　　〕

(3) 紙コップの底に小さなあなをあけて同じことをすると，あなから何が出てきますか。 ［7点］〔　　　　〕

(4) 底にあなをあけたコップのときは，ピンポン玉は上の図のア，イのどちらになりますか。 ［6点］〔　　　　〕

5 右の図のように，注しゃ器に水と空気を入れ，先をゴムの板に当ててピストンをおしました。これについて，次の問いに答えなさい。 ［6点ずつ…合計18点］

ピストン

空気

水

(1) ピストンをおすと，ピストンは動きますか。
〔　　　　〕

(2) (1)で答えたようになるのは，なぜですか。次のア〜エからあてはまるものを1つ選び，記号を書きなさい。
〔　　　　〕

ア　水がおしちぢめられたから。

イ　空気がおしちぢめられたから。

ウ　水も空気もおしちぢめられたから。

エ　水も空気もおしちぢめられなかったから。

(3) ピストンをおさえていた手をはなすと，どうなりますか。次のア〜ウからあてはまるものを1つ選び，記号を書きなさい。
〔　　　　〕

ア　ピストンは上に上がる。

イ　ピストンは下に下がる。

ウ　ピストンはその位置のままで動かない。

エアーポットのしくみ

▷ お茶を飲むときによく使う道具にエアーポットがあります。エアーポットは，ポットの上にあるボタンをおすと，注ぎ口から湯が出ますが，これはどのようなしくみになっているのでしょうか。

▷ エアーポットの中のようすを図で見ると，右のようになっています。ボタンの下には，バネがあって，のびちぢみするようにしてあります。ボタンをおすとポットの中の空気がおされてちぢみ，ポットの中の湯を上から下へおします。すると，おされた湯は，注ぎ口から外へと出ていくというわけです。

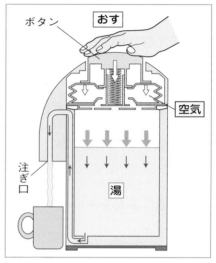

エアーポットも空気と水のせいしつを利用しているんだね。

地球を取りまく空気

▷ 空気は地球を取りまいている気体で，おもに，ちっそとさんそという気体でできています。地上付近にはたくさんありますが，高い所になるほどうすくなります。

▷ 空気には，味もにおいもありません。また，水にも少しはとけます。空気は，生き物のこきゅうや，物がもえるためにはなくてはならないものです。

▷ 空気は目には見えませんが，空気にも重さはあります。空気1Lの重さは，およそ1.2gです。

8 生き物の 秋のくらし

教科書の まとめ

★ 秋になると，サクラの葉が赤色に，イチョウの葉が黄色に，色づく。

サクラ　　　　**イチョウ**

えだの長さは，夏のころとほとんど同じ。

★ 野原の草はたねをつくり，かれていくので，えさがなくなり，虫が死ぬ。

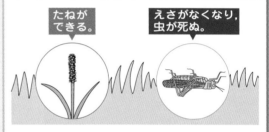

たねができる。　　えさがなくなり，虫が死ぬ。

★ カマキリが木のえだなどに，コオロギが土の中に，たまごをうむ。

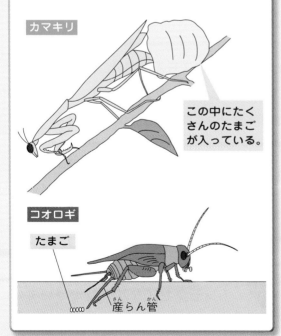

カマキリ

この中にたくさんのたまごが入っている。

コオロギ

たまご

産らん管

★ 秋になると，ヘチマのくきはほとんどのびなくなる。

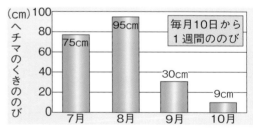

毎月10日から1週間ののび

(cm) ヘチマのくきののび
- 7月　75cm
- 8月　95cm
- 9月　30cm
- 10月　9cm

★ ヘチマやツルレイシの実がじゅくし，たねができる。

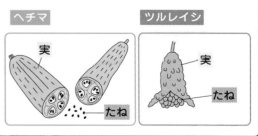

ヘチマ　　　　**ツルレイシ**

実　　たね　　　実　　たね

1 植物や動物のようす

1 考えよう 秋のサクラやイチョウのえだは，どんなようすですか。

正しいのは？
- Ⓐ 葉は緑色で，しげったままである。
- Ⓑ 葉は赤や黄色に色づいている。
- Ⓒ 葉はすっかり落ちてしまっている。

サクラ

イチョウ

● サクラやイチョウのえだは，夏のころからほとんどのびていません。しかし，新しくのびた部分のえだの色は茶色になり，きょ年のえだとほとんど見分けがつきません。

● 葉の色は，サクラでは赤色に，イチョウでは黄色に変わっています。

● サクラの葉のつけねには小さな芽が見られます。

● このころには，アジサイの葉も茶色に変わっています。　**答 Ⓑ**

もっとくわしく 落葉じゅ…秋になると葉が黄色や赤色になり，やがて葉が落ちてしまう木を落葉じゅといいます。サクラやイチョウ・アジサイなどは落葉じゅです。

2 考えよう 秋に，野原や花だんでさく花には，どんなものがありますか。

正しいのは？
- Ⓐ ヒガンバナ・コスモス・サルビア
- Ⓑ スミレ・パンジー・ヤグルマギク
- Ⓒ オオイヌノフグリ・ツユクサ・アジサイ

ヒガンバナ

コスモス

● 秋の野原には，ヒガンバナやシオン・ノハラアザミなどの花がさいています。

● 花だんや庭では，コスモス・サルビア・ケイトウ・キク・キンモクセイなどの花がさいています。　**答 Ⓐ**

3 考えよう 秋になると野原の植物はどのようになるでしょう。

正しいのは？
A 緑色のままで，いきいきしている。
B 下のほうから，新しい芽が出てきている。
C だんだんかれてきている。

● 野原の植物はどれも，かれはじめています。

● ススキやオヒシバ・エノコログサなどは，ほが茶色くなり，中にたねができています。また，イノコズチやヌスビトハギ・ツユクサなども，花のあとには実やたねができています。

● このように，秋になると野原の草がかれるので，これまで草を食べていたバッタなどの虫は，えさがなくなり死んでいきます。

答 **C**

ススキ

エノコログサ

イノコズチ

ツユクサ

4 考えよう カマキリがしりからあわを出しています。何をしているのですか。

正しいのは？
A 巣をつくっている。
B たまごをうんでいる。
C ふんをしている。

● 秋になると，交びをしたカマキリのめすは，ススキのくきや木のえだなどにたまごをうみつけます。そして，そのたまごをあわのようなものでつつみます。たまごをうんだあと，カマキリのめすは死んでしまいます。

● このあわのようなものは，やがてかわいてかたくなり，春まで内部のたまごをまもります。

● コオロギのめすもたまごをうみます。コオロギは，しりからのびた産らん管を土の中にさし，土の中にたまごをうみます。

答 **B**

エンマコオロギの産らん

オオカマキリの産らん

たいせつポイント 秋 { サクラやイチョウの葉は，赤や黄色に色づく。
カマキリやコオロギはたまごをうむ。

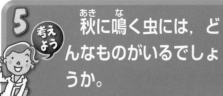

5 考えよう

秋に鳴く虫には，どんなものがいるでしょうか。

正しいのは？

A アキアカネ・オオカマキリ・ホタル

B トノサマバッタ・イナゴ・ウンカ

C エンマコオロギ・スズムシ・キリギリス

鳴く
マツムシ

鳴く
コオロギ

● 夏から秋にかけて，草むらや石のかげなどでは，コオロギ・スズムシ・マツムシ・キリギリス・クツワムシ・ウマオイなど，いろいろな虫が鳴きます。

● これらの虫で鳴くのは，ふつう，**おすだけ**です。そして，ほとんどの場合，左右の前ばねをこすりあわせて音を出しています。とくに，**スズムシやコオロギ**では，はねを立てるようにして鳴くので，よくわかります。　　　　　　　　　答 **C**

6 考えよう

秋のころ，ツバメはどのようにすごしていますか。

正しいのは？

A 南の国へ帰っていく。

B せっせと巣づくりをしている。

C さかんにひなにえさを運んでいる。

電線に止まったツバメのむれ

● 9月になると，電線などに止まっている**ツバメのむれ**を見かけます。これは，今年うまれた子ツバメをふくむ家族たちです。巣から出た子ツバメは，しばらく飛ぶ練習をするのです。

● やがて，北の地方では9月の中ごろまでに，南の地方でも10月中ごろまでに，ツバメたちは南の国へ向けて飛び立っていきます。

答 **A**

もうすぐ
南の国へ
帰るんだね。

 もっとくわしく　ツバメが帰っていく所…秋になると，日本にいるツバメはほとんど南のあたたかい国へ帰っていきます。その国とは，日本から2000km以上もはなれているフィリピン，マレーシアなどです。よく飛べるものですね。

2 ヘチマとツルレイシ

1 考えよう 秋のヘチマのくきののびは，夏にくらべてどうでしょう。

正しいのは？

A 夏のころよりもよくのびる。

B 夏のころにくらべ，ほとんどのびない。

C 夏のころと同じくらいのびる。

● ヘチマは夏から秋にかけて，たくさんの花をさかせます。そして，このころになると，実が大きく育ってきています。

● 実が育つころになると，くきはあまりのびません。夏のころにくらべると，のび方は10分の1くらいです。

● 実が大きく育つと，葉が少しずつかれていきます。 答 **B**

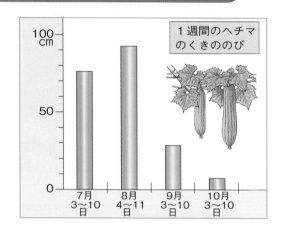

1週間のヘチマのくきののび

2 考えよう ヘチマの実は，かれてくると重さが変わるでしょうか。

正しいのは？

A かれてくると，実は軽くなる。

B かれてくると，実は重くなる。

C かれてきても，重さは変わらない。

● 10月の終わりころになると，ヘチマの実は，かれてきます。実がかれると，皮の色が黄緑色から茶色になり，かたくなります。そして，軽くなります。

● かれて茶色になった実を切ってみると，中にはあみ目のようなすじが残っています。そして，中からたくさんの黒いたねが出てきます。 答 **A**

ヘチマの実を切ったもの

かれたヘチマの実

たいせつポイント ヘチマ ｛ 秋になると，くきはほとんどのびない。
実は，かれると軽くなり，黒いたねができる。

3 考えよう　秋になると，ツルレイシの実はどうなるでしょうか。

正しいのは？

A　緑色のままどんどん大きくなる。

B　緑色のままじゅくしていく。

C　だいだい色にじゅくして先がわれる。

先がわれた実

じゅくしたツルレイシの実

● ツルレイシの実も秋のころになると，大きく育っています。

● そして，このころになると，だいだい色にじゅくした実も見られるようになります。

● ツルレイシの実は，じゅくすと先のほうがわれます。すると，実の中のたねが見えるようになります。

● このころのツルレイシのたねは，赤いものにつつまれています。　　　答 **C**

---

4 考えよう　実がじゅくしたあと，ツルレイシのくきや葉はどうなるでしょうか。

正しいのは？

A　下のほうの葉からかれていく。

B　緑色のまま変わらない。

C　上のほうの葉からかれていく。

ツルレイシのたね

ヒョウタンの実

● ツルレイシの実がじゅくして，実がわれてしばらくすると，中のたねが地面に落ちます。このとき，実はくきについたままです。

● そのころになると，下のほうの葉からかれていきます。

● そして最後には，葉もくきも全部かれてしまいます。

● ヒョウタンも，秋になると，実ができてかれてしまいます。実の中には，たくさんのたねができています。　　　答 **A**

たいせつポイント　ツルレイシ｛ 実がじゅくすとだいだい色になる。

じゅくした実の先がわれて，たねが落ちる。

教科書のドリル

答え → 別さつ10ページ

1 秋のころのサクラとヘチマを観察しました。次のア〜オのうち，このころのサクラとヘチマのようすにあてはまるものを2つずつ選び，記号を書きなさい。

サクラ（　　）（　　）

ヘチマ（　　）（　　）

ア　赤色に色づいた葉があちこちに見られる。

イ　葉も実もかれて，茶色になっている。

ウ　実の中には，黒いたねがたくさん入っている。

エ　葉のつけねの所に，新しい芽ができている。

オ　葉の緑色がこくなり，葉のまい数もふえている。

2 下の□□□の中にあげた植物のうち，秋に花をさかせるものを3つ選び，記号を書きなさい。

（　　）（　　）（　　）

ア　サクラ	イ　ツバキ
ウ　アサガオ	エ　コスモス
オ　タンポポ	カ　アブラナ
キ　ウメ	ク　キク
ケ　ヒガンバナ	
コ　チューリップ	
サ　アレチマツヨイグサ	

3 次のア〜クから，秋によく見られる生き物を3つ選び，記号を書きなさい。

（　　）（　　）（　　）

ア　ヒバリ　　　　イ　コオロギ

ウ　アゲハ　　　　エ　カブトムシ

オ　スズムシ　　　カ　アブラゼミ

キ　ホタル　　　　ク　アキアカネ

4 右のこん虫の図を見て，問いに答えなさい。

(1) 図のこん虫を何といいますか。

（　　　　　　）

(2) 何をしているところですか。次のア〜ウから1つ選び，記号を書きなさい。

（　　）

ア　えさを食べている。

イ　たまごをうんでいる。

ウ　巣をつくっている。

(3) このこん虫は，このあとどうなりますか。次のア〜ウから1つ選び，記号を書きなさい。（　　）

ア　冬ごしをする。

イ　南の国へわたっていく。

ウ　死んでしまう。

答え ➡ 別さつ10ページ

時間**30分**　合格点**80点**

とく点　／100

1 次の文のうち，秋の生き物のようすについて書いたものには○，そうでないものには×をつけなさい。

[3点ずつ…合計30点]

(1)　イチョウのえだでは，新しい葉がどんどんふえている。〔　　〕

(2)　夜，カブトムシが木のしるに集まってくる。〔　　〕

(3)　モンシロチョウがキャベツの葉にたまごをうんでいる。〔　　〕

(4)　親ツバメがひなに，えさを運んでいる。〔　　〕

(5)　池の中でおたまじゃくしが泳いでいる。〔　　〕

(6)　コスモスの花がさいている。〔　　〕

(7)　ヘチマの葉がかれはじめ，実が茶色になっている。〔　　〕

(8)　ススキのほが茶色くなり，中でたねができている。〔　　〕

(9)　カマキリのたまごからよう虫がかえっている。〔　　〕

(10)　庭の石のかげで，コオロギが鳴いている。〔　　〕

2 右の図は，秋のころのサクラのえだをスケッチしたものです。次の問いに答えなさい。

[合計20点]

(1)　えだの長さは，夏のころにくらべてどうですか。次のア～ウから1つ選び，記号を書きなさい。

[6点]〔　　〕

　ア　夏のころにくらべて，ずいぶんのびている。

　イ　夏のころにくらべて，だいぶ短くなっている。

　ウ　夏のころにくらべて，ほとんどのびていない。

(2)　このあと葉はどうなりますか。次のア～ウから1つ選び，記号を書きなさい。

[6点]〔　　〕

　ア　やがて落ちる。　　　　　　　　イ　いつまでも落ちない。

　ウ　だんだん緑色に変わっていく。

(3)　サクラのように，秋から冬にかけて，葉が(2)のようになるじゅ木を何といいますか。

[8点]〔　　〕

3 ヘチマの実について，次の
問いに答えなさい。

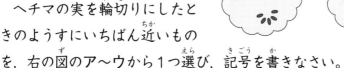

[合計25点]

(1) ヘチマの実を輪切りにしたと
きのようすにいちばん近いもの
を，右の図のア〜ウから1つ選び，記号を書きなさい。　　　　[7点]〔　　　〕

(2) じゅくした実についていえることを，次のア〜カから3つ選び，記号を書きなさ
い。　　　　　　　　　　　　　　　　　[6点ずつ]〔　　　〕〔　　　〕〔　　　〕

　　ア　皮が緑色　　　　　　　　イ　皮が茶色
　　ウ　水分が少なく，軽い　　　エ　水分が多く，重い
　　オ　たねが黒い　　　　　　　カ　たねが白っぽい

4 右の写真は，秋の日に見られた植物のだいだい
色にじゅくした実をうつしたものです。これに
ついて，次の問いに答えなさい。　[合計25点]

(1) 写真の実は，何という植物の実ですか。

[9点]〔　　　　　　　　　〕

(2) このあと，だいだい色にじゅくした実はどうなり
ますか。次のア〜エから1つ選び，記号を書きなさ
い。　　　　　　　　　　　[8点]〔　　　〕

　　ア　そのままえだについている。
　　イ　実が地面に落ち，そのときに実がわれて，たねがちらばる。
　　ウ　実がわれて，しばらくすると，中のたねが地面に落ちる。
　　エ　実がわれて，しばらくすると，実が地面に落ち，たねがちらばる。

(3) 秋の終わりになると，葉はどうなっていきますか。次のア〜エから1つ選び，記
号を書きなさい。　　　　　　　　　　　　　　　　　　　[8点]〔　　　〕

　　ア　上のほうの葉からかれていく。
　　イ　下のほうの葉からかれていく。
　　ウ　どの葉も同時にかれていく。
　　エ　どの葉も緑色のまま変化しない。

バッタの産（さん）らん

トノサマバッタの産らん

▷ 夏（なつ）の終（お）わりから秋（あき）にかけてバッタは交（こう）びをし，めすが次（つぎ）のようにして産らんします。

▷ まず，はらで地面（じめん）にあなをほります。次に，そのあなにはらをさしこみ，地下の深（ふか）い所（ところ）までのばします。そして，はらの先にある産らん管（かん）からたまごをうみます。

▷ うみつけられたたまごは，そのまま冬（ふゆ）をこし，よく年の春（はる）に，親（おや）とよくにた形（かたち）のよう虫がかえります。

木が紅葉（こうよう）するわけ

▷ 秋になって気温（きおん）が低（ひく）くなると，サクラやイチョウなどの落葉（らくよう）じゅの葉（は）は，赤くなったり黄色（きいろ）くなったりします。

▷ これらの落葉じゅでは，気温が下がると葉（は）の中の緑色（みどり）の物（もの）がなくなり，葉のつけねの部分（ぶぶん）がかたくなって，葉を落とすじゅんびをします。

▷ イチョウなどでは，葉の緑色がなくなると，葉の中にあるカロテノイドという黄色の物が目立つようになって，葉が黄色くなります。（これを黄葉（こうよう）といいます）

▷ また，サクラなどでは，葉の中にアントシアンという赤色の物ができて，葉が赤くなります。（これを紅葉といいます）

▷ 木の紅葉や黄葉は，冬ごしのじゅんびなのです。

9 ほねときん肉

教科書の
まとめ

★ いろいろな形や大きさのほねが組み合わさって、こっかくをつくる。

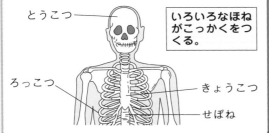

とうこつ

いろいろなほねがこっかくをつくる。

ろっこつ

きょうこつ

せぼね

★ ほかの動物にも、人と同じようにせぼね、ろっこつなどがある。

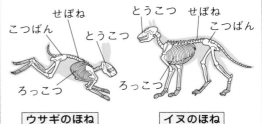

こつばん

せぼね

とうこつ

せぼね

こつばん

とうこつ

ろっこつ

ろっこつ

ウサギのほね

イヌのほね

★ ほねとほねのつなぎ目を関節といい、折り曲げたりまわしたりできる。

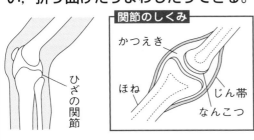

関節のしくみ

かつえき

ほね

ひざの関節

じん帯

なんこつ

★ ほねはからだをささえたり、内ぞうを守ったりするはたらきがある。

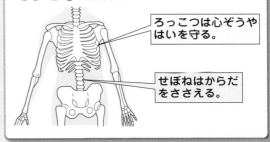

ろっこつは心ぞうやはいを守る。

せぼねはからだをささえる。

★ きん肉はほねに、けんという部分でつながっている。

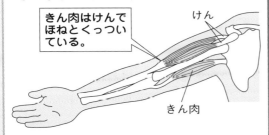

きん肉はけんでほねとくっついている。

けん

きん肉

★ ほねはきん肉のはたらきによって動く。(例：うでの曲げのばし)

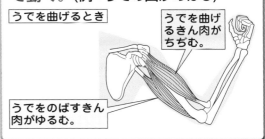

うでを曲げるとき

うでを曲げるきん肉がちぢむ。

うでをのばすきん肉がゆるむ。

1 ほねときん肉

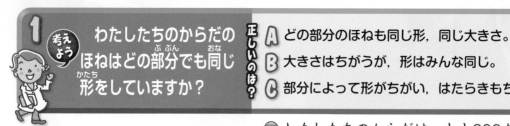

1 考えよう わたしたちのからだの ほねはどの部分でも同じ 形をしていますか？

正しいのは？

A どの部分のほねも同じ形，同じ大きさ。

B 大きさはちがうが，形はみんな同じ。

C 部分によって形がちがい，はたらきもちがう。

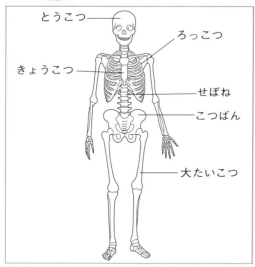

とうこつ

ろっこつ

きょうこつ

せぼね

こつばん

大たいこつ

⬤ わたしたちのからだは，大小200あまりの ほねが組み合わさってできています。それぞれ のほねのはたらきはみなちがっており，はたら きにおうじて形や大きさもちがいます。

⬤ これらのほねがいろいろ組み合わさって左 の図のような**こっかく**をつくります。

答 C

もっと くわしく ほねの名前…あたまのほねをとうこつ といい，のうを守っています。むねの ほねであるきょうこつから出ているろっこつははい を守り，せぼねはからだをささえています。こしに あるこつばんは内ぞうを守り，女の人の場合，おな かの中の赤ちゃんをささえます。

どのほねも大事な はたらきをしてい るんだね。

---

2 考えよう うでや足のほねは， どのようにつながって いますか？

正しいのは？

A 関節でつながっている。

B けんでつながっている。

C つながっておらず，それぞれはなれている。

関節で折り曲げ たりまわしたり できる。

関節のしくみ

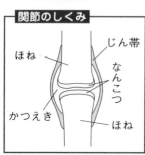

ほね

じん帯

なんこつ

かつえき

ほね

⬤ 指，ひざ，うで，足，かたなどにあるほね とほねのつなぎ目の部分は，折り曲げたりまわ したりすることができます。このつなぎ目を 関節といいます。

⬤ 関節でつながる2つのほねは，**じん帯**とい うじょうぶなまくでつつまれています。

答 A

3 考えよう ほねときん肉はどこでつながっているのでしょうか？

正しいのは？
Ａ まん中のふくらんだ部分。
Ｂ きん肉の両はしにあるけん。
Ｃ つながっていない。

● 人のこっかくにはきん肉がついており，からだを動かすはたらきをしています。

● きん肉は両はしが細くてまん中がふくらんだ形をしています。

● きん肉の両はしの細い部分をけんといい，ほねとつながっています。　答 **Ｂ**

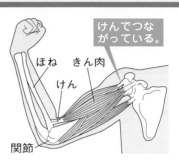

けんでつながっている。

ほね　きん肉
けん

関節

きん肉がないとほねを動かすことができないよ。

 もっとくわしく　きん肉のつき方…ほねについているきん肉は，必ず１つ以上の関節をはさんでついています。１本のきん肉の両方のけんが，１本のほねについていることはありません。

4 考えよう ほかの動物のほねは，人のほねとにているのでしょうか？

正しいのは？
Ａ よくにている。
Ｂ まったくちがう。
Ｃ 動物どうしはにているが，人とはちがう。

● ほかの動物にもせぼね，とうこつ，ろっこつなどがあり，人のほねとよくにています。

● ほかの動物にもきん肉がついています。しかし，そのつき方は動物によってそれぞれちがいます。　答 **Ａ**

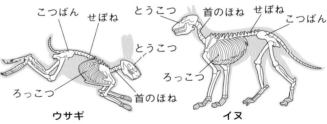

こつばん　せぼね　　とうこつ　首のほね　せぼね　こつばん
　　　　　　　　　　　とうこつ
　　　　　　　　　　　　　　　ろっこつ
ろっこつ　　　　　首のほね
ウサギ　　　　　　　　　　　　イヌ

p.94 にからだのつくりについてもう少しくわしく説明しているよ。

 たいせつポイント　ほねときん肉 ｛ ほねのよく動く部分は，関節でつながっている。
きん肉は，けんでほねとつながっている。

ほねときん肉のはたらき

考えよう　ほねはどのようなはたらきをしますか？

正しいのは？

Ⓐ いたみを感じる，熱を感じる。

Ⓑ からだをささえる，内ぞうを守る。

Ⓒ うでを曲げのばしさせる，力こぶをつくる。

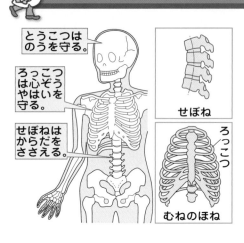

とうこつはのうを守る。

ろっこつは心ぞうやはいを守る。

せぼねはからだをささえる。

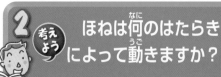

せぼね

ろっこつ

むねのほね

⬤ ほねのはたらきは次のようにまとめられます。

① からだをささえる。　例 せぼね

② のうや内ぞうを守る。　例 とうこつ，ろっこつ

③ 運動をする。　　　　例 手足のほね

⬤ せぼねは短いつつ形のほねがたくさんつながっていて，少し曲がるようになっています。

⬤ ろっこつは，半円形のほねがかごのように組み合わさって，はいや心ぞうを守ります。

答 Ⓑ

考えよう　ほねは何のはたらきによって動きますか？

正しいのは？

Ⓐ きん肉ののびちぢみによって動く。

Ⓑ ほね自身がもっている力で動く。

Ⓒ 心ぞうのはたらきによって動く。

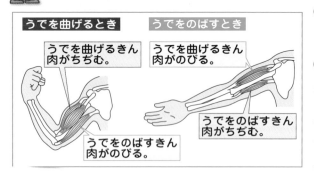

うでを曲げるとき

うでをのばすとき

うでを曲げるきん肉がちぢむ。

うでをのばすきん肉がのびる。

うでを曲げるきん肉がのびる。

うでをのばすきん肉がちぢむ。

⬤ ほねを動かすのは，ほねについているきん肉のはたらきです。

⬤ うでを曲げるときは，うでを曲げるきん肉がちぢみ，うでをのばすきん肉がのびます。反対にうでをのばすときは，うでをのばすきん肉がちぢみ，うでを曲げるきん肉がのびます。

答 Ⓐ

たいせつポイント　ほねときん肉のはたらき

ほねはからだをささえたり，内ぞうを守ったりする。

きん肉のはたらきによってほねを動かす。

教科書のドリル

答え → 別さつ11ページ

1 右の図は，2本のほねがつながった部分をしめしています。あとの問いに答えなさい。

(1) この2本のほねがつながった部分を何といいますか。（　　　　）

(2) つながった2本のほねをつつんでいるじょうぶなまくを何といいますか。（　　　　）

(3) (1)で答えた部分があるからだの場所を1つ答えなさい。（　　　　）

2 右の図は，人のからだのほねのようすを表したものです。次の問いに答えなさい。

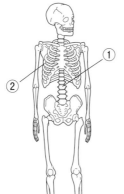

(1) ①と②のほねの名前をそれぞれ答えなさい。

①（　　　　）②（　　　　）

(2) ①と②のほねはどんなはたらきをするか，次のア～エからそれぞれ選びなさい。　①（　　）②（　　）

ア　からだをささえる。
イ　のうを守る。
ウ　心ぞうやはいを守る。
エ　からだを動かす。

3 下の図は，うでのほねときん肉のようすを表しています。あとの問いに答えなさい。

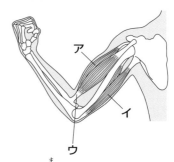

(1) うでを曲げてものをもち上げようとしたとき，アとイのどちらのきん肉がちぢみますか。（　　　　）

(2) うでをのばしたときは，アとイのどちらのきん肉がちぢみますか。（　　　　）

(3) きん肉がほねとつながっているウの部分を何といいますか。（　　　　）

4 ほねときん肉に関する次のア～エの文のうち，正しいものをすべて答えなさい。（　　　　）

ア　わたしたちのからだのほねはどの部分でも同じ形をしている。
イ　よく動く部分は関節でつながっている。
ウ　ほねについているきん肉は両はしがふくらんだ形をしている。
エ　ウサギやイヌにも人と同じようにせぼね，ろっこつなどがある。

1 右のアとイの図は人のからだのつくりを表しています。この図を見て，次の問いに答えなさい。 [5点ずつ…計20点]

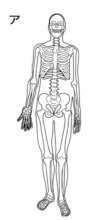
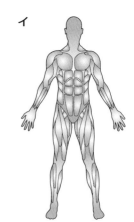

ア　　　　イ

(1) アは人のほね組みのようすを表した図です。このほね組みのことを何というか答えなさい。〔　　　　〕

(2) アのほね組みはおよそ何こぐらいのほねでできているか答えなさい。〔　　　　〕

(3) イは，アのほね組みについている，やわらかいもののようすを表しています。このやわらかいものは，からだを動かすはたらきをしています。このやわらかいものは何ですか。〔　　　　〕

(4) からだを動かすとき，(3)で答えたものの一部がかたくなっています。このとき，どんなじょうたいになっているか，次のア〜ウから1つ選び，記号で答えなさい。〔　　　　〕

　ア　のびている　　　イ　ちぢんでいる　　　ウ　ちぎれている

2 人のほねと関節について，次の問いに答えなさい。 [計24点]

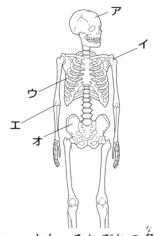

ア
イ
ウ
エ
オ

(1) 関節について説明した次のア〜ウの文のうち，正しくないものを1つ選びなさい。 [6点]〔　　　〕

　ア　関節は力を入れるとかたくなる。

　イ　関節のところでからだを曲げたり，まわしたりすることができる。

　ウ　指など，細かく動くところには関節がたくさんある。

(2) 図中のア〜オのうち，関節ではないものを3つ選びなさい。また，それぞれの名前も答えなさい。 [各2点×6＝12点]〔　，　〕〔　，　〕〔　，　〕

(3) はいを守るはたらきをしているのは，ア〜オのうちのどれですか。記号で答えなさい。 [6点]〔　　　〕

3 右の図は，うでのほねときん肉をかん
たんにしめしたものです。ただし，き
ん肉がほねについているようすについては
かいてありません。この図を見て，次の問
いに答えなさい。 ［4点ずつ…計36点］

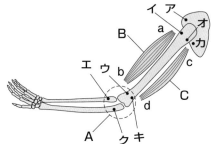

(1) Aの部分では，自由にうでを曲げたりの
ばしたりすることができます。このAの部分を何といいますか。 〔　　　　　〕

(2) うでをのばすときにちぢむきん肉はB，Cのどちらですか。 〔　　　　　〕

(3) Bのきん肉がちぢむとき，Cのきん肉はちぢみますか。それとものびますか。
〔　　　　　〕

(4) うでを曲げたときに，Bのきん肉をさわると，うでをのばしたときにくらべてか
たくなっていますか。それともやわらかくなっていますか。 〔　　　　　〕

(5) Bのきん肉の両はしのa，bはそれぞれ，ほねのア～エのどこについていますか。
それぞれについて記号で答えなさい。 a〔　　　〕 b〔　　　〕

(6) Cのきん肉の両はしのc，dはそれぞれ，ほねのオ～クのどこについていますか。
それぞれについて記号で答えなさい。 c〔　　　〕 d〔　　　〕

(7) きん肉の両はしのa，bやc，dの部分を何といいますか。 〔　　　　　〕

4 イヌ，ウサギ，ハトのほねについて，次の問いに答えなさい。 ［4点ずつ…計20点］

(1) イヌ，ウサギ，ハトについて説明したア～エの文のうち，正しいものには○，正
しくないものには×をつけなさい。

ア〔　　　〕 イ〔　　　〕 ウ〔　　　〕 エ〔　　　〕

ア イヌ，ウサギ，ハトのどれにもせぼねがある。
イ せぼねと頭はほねでつながっている。
ウ イヌやウサギには関節があるが，ハトには関節がない。
エ イヌ，ウサギ，ハトそれぞれのほねは長さも形も同じである。

(2) イヌ，ウサギ，ハトのほねは，人のほねとよくにています。これらの動物が共通
してもつほねのうち，のうを守るほねの名前を答えなさい。 〔　　　　　〕

いろいろな動物のからだ

▷ 人やほかの動物のからだのつくりは，それぞれの生活にあったものになっています。

▷ たとえば人の場合，指が発達しているので，ものをつかんだり，細かい作業をしたりすることができます。

▷ ウサギの場合，後ろ足が発達しており，大きなほねときん肉でよくとびはねることができます。

▷ ハトの場合，つばさをもち，それらを動かすきん肉が発達しています。

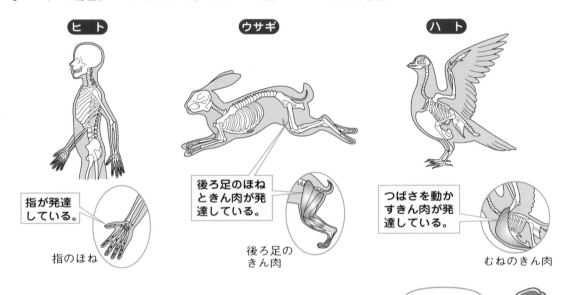

ヒト
指が発達
している。
指のほね

ウサギ
後ろ足のほね
ときん肉が発
達している。
後ろ足の
きん肉

ハト
つばさを動か
すきん肉が発
達している。
むねのきん肉

からだのつく
りって本当によ
くできているね。

ほねは何でできている？

▷ ほねはおもにカルシウムとコラーゲン（たんぱくしつの一種）でできています。

▷ 子どものほねには，コラーゲンが多いので，やわらかくて曲がりやすいのです。だから，子どものうちはとくにしせいを正しておくことがたいせつです。

10 物の体積と温度

教科書の
まとめ

★ 空気の体積は，温度が高くなる
とふえ，温度が低くなるとへる。

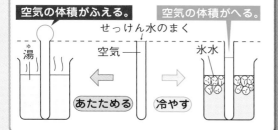

空気の体積がふえる。　空気の体積がへる。
せっけん水のまく
湯　空気　氷水
あたためる　冷やす

★ 水や金ぞくも，温度が高くなると
体積がふえ，温度が低くなるとへる。

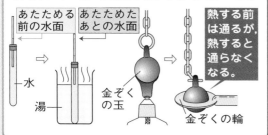

あたためる前の水面　あたためたあとの水面
熱する前は通るが，熱すると通らなくなる。
水　湯　金ぞくの玉　金ぞくの輪

★ 温度による体積の変化は，空気→
水→金ぞくの順に大きい。

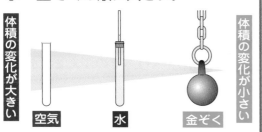

体積の変化が大きい　体積の変化が小さい
空気　水　金ぞく

★ 金ぞくを熱すると，熱がまわり全
体へ，順に伝わっていく。

金ぞくがあたためられると，ぬってあったろうがとける。
ろう
金ぞくのぼう
アルコールランプ

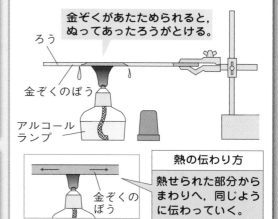

熱の伝わり方
熱せられた部分からまわりへ，同じように伝わっていく。
金ぞくのぼう

★ 熱せられてあたたかくなった水
や空気は，軽くなり上へ上がる。

あたためられた水が上へ上がり，冷たい水が下へ下がる。
あたためられた空気が上へ上がり，冷たい空気が下へ下がる。

空気と水は同じように動いて全体があたたまる。

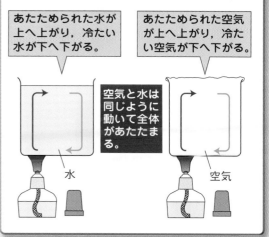

水　空気

95

1 物の温度と体積の変化

1 考えよう　試験管の口にせっけん水のまくをはって湯につけるとどうなる？

正しいのは？

Ⓐ まくがおし上げられて，ふくらむ。

Ⓑ まくが試験管の中に下がってくる。

Ⓒ まくが上下にゆれる。

手であたためてもいいよ。

実験　からの試験管の口にせっけん水をつけてまくをつくり，試験管を湯につけて，中の空気をあたためます。

● 実験の結果，せっけん水のまくが上にもち上げられてふくらみます。

● これは，試験管の中の空気が湯であたためられて空気の体積がふえ，そのぶんまくがおし上げられてふくらんだのです。

答 Ⓐ

2 考えよう　試験管の口にせっけん水のまくをはり氷水につけるとどうなる？

正しいのは？

Ⓐ まくがおし上げられて，ふくらむ。

Ⓑ まくが試験管の中に下がってくる。

Ⓒ 何も変化しない。

実験　からの試験管の口にせっけん水をつけてまくをつくり，試験管を氷水につけて，中の空気を冷やします。

● 実験の結果，せっけん水のまくは，試験管の中のほうへ引きこまれます。

● これは，試験管の中の空気が氷水で冷やされて空気の体積がへり，そのぶんまくが試験管の中へ引きこまれたのです。

答 Ⓑ

3 考えよう　水をあたためると，水の体積はどうなるでしょうか。

正しいのは？
A 空気と同じように，体積はふえる。
B 空気とは反対に，体積はへる。
C 空気とはちがって，体積は変化しない。

実験 試験管にいっぱい水を入れて，ガラス管のついたゴムせんを静かにさしこむと，水がガラス管の中をのぼります。水が上がった所に赤い印をつけ，試験管を湯につけて，中の水をあたためます。

● しばらくすると，ガラス管の中の水が赤い印より上のほうへ上がっていきます。

● これは，試験管の中の水があたためられて水の体積がふえたためです。　　答 **A**

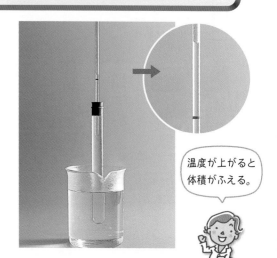

温度が上がると体積がふえる。

4 考えよう　温度が上がってふえた水の体積は，温度が下がるとどうなる？

正しいのは？
A 水はいちど体積がふえると，へらない。
B もとと同じ体積にもどる。
C もとの半分くらいの体積になる。

● 上の実験で湯につけた試験管を，湯から出してしばらくおくと，水面は，ガラス管の印をつけた所までもどります。

● また，試験管を氷水に入れて，中の水を冷やすと，ガラス管の中の水が赤い印より下のほうへ下がっていきます。

● これは，試験管の中の水が冷やされて水の体積がへったためです。

答 **B**

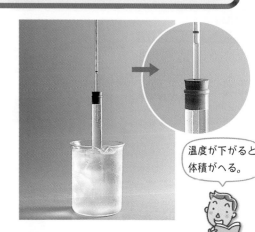

温度が下がると体積がへる。

たいせつポイント　空気と水 ｛ 温度が高くなると体積がふえる。
温度が低くなると体積がへる。

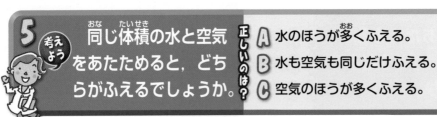

正しいのは？

A 水のほうが多くふえる。
B 水も空気も同じだけふえる。
C 空気のほうが多くふえる。

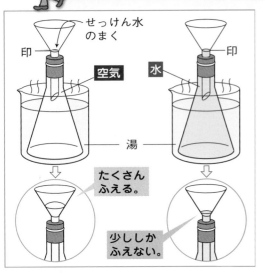

せっけん水のまく

印　　　空気　水　印

湯

たくさんふえる。

少ししかふえない。

● 空気も水も，温度によって体積が変わりますが，変化の量は空気と水でちがいます。

● 左の図のようにして空気と水の体積の変化をくらべると，空気はたくさんふえますが，水は少ししかふえません。

● また，反対に冷やすと，空気のほうがへる量が大きいことがわかります。

● このように，水にくらべて空気のほうが，温度によって体積が大きく変化します。

答 **C**

正しいのは？

A 口でふき消す。
B アルコールランプのふたをかぶせて消す。
C 水をかけて消す。

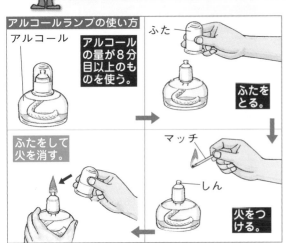

アルコールランプの使い方

アルコール

アルコールの量が8分目以上のものを使う。

ふた

ふたをとる。

ふたをして火を消す。

マッチ

しん

火をつける。

● アルコールランプは，次のようにして使います。

① アルコールの量が8分目以上のものを使う（アルコールが少ないときけん）。

② アルコールランプのふたをとる。

③ マッチをすって，アルコールランプのしんに横から近づけ，火をつける。

④ 火を消すときは，ふたをななめ上からかぶせて火を消す。

答 **B**

たいせつポイント

温度による体積の変化は，水より空気のほうが大きい。
アルコールランプの火は，ふたをかぶせて消す。

理科の実験では，物を強く熱するときには，アルコールランプのかわりに**ガスバーナー**を使います。また，実験で使ったガラス器具は，使い終わったらすぐにあらってかわかさなければいけません。

ガスバーナーの使い方

〔火のつけ方〕

❶ ガスの元せんをひねってあける。

❷ ガスのねじを少しゆるめて火をつける。

❸ ガスのねじをまわして，ほのおの大きさを調節する。

❹ ガスのねじをおさえたまま空気のねじをあけ，右の写真のような青色のほのおにする。

〔火の消し方〕

❶ 空気のねじをとじる。

❷ ガスのねじをとじる。

❸ 元せんをとじる。

㊟ 火を消してすぐは，ガスバーナーの先にさわってはいけない。

ゴムホース

あける

とじる

空気のねじ

ガスのねじ

右のような実験用ガスコンロを使って加熱することもあるよ。

ガラス器具のあらい方

〔口のせまいガラス器具〕

❶ 試験管やフラスコなど，それぞれの器具の大きさにあったブラシを使う。

❷ 器具の中に水を入れ，ブラシをゆっくりと回したり，出し入れしたりする。強く出し入れすると，器具がわれることがあり，きけん。

〔口の広いガラス器具〕

❶ ビーカーなどは，スポンジを使ってあらう。

❷ 器具の中に水を入れ，スポンジでこする。

口のせまいガラス器具	口の広いガラス器具
ブラシ	スポンジ

金ぞくも水や空気と同じように，温度で体積が変わるでしょうか。

正しいのは？

A　まったく変わらない。

B　熱したときだけ変わる。

C　熱しても冷やしても変わる。

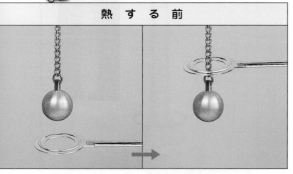

熱する前

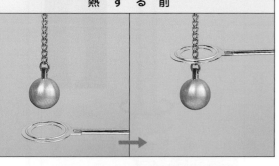

熱したあと

熱する

冷やす

金ぞくも，温度で体積が変わるんだ。

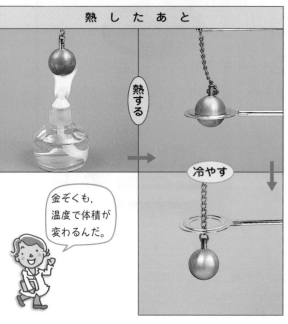

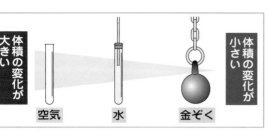

体積の変化が大きい　空気　水　金ぞく　体積の変化が小さい

実験　金ぞくの玉を使って，次のような実験をします。

① 熱する前に，金ぞくの玉が輪を通りぬけることをたしかめる。

② 金ぞくの玉をアルコールランプの火で熱してから，輪に通してみる。

③ 熱した金ぞくの玉を水で冷やしてから，もう一度輪に通してみる。

● 実験の結果は，次のようになります。

① 熱する前には，金ぞくの玉は輪を通るが，熱すると通らなくなる。

② 熱した玉も，よく冷えると，また通るようになる。

● このようになるのは，金ぞくも，温度が上がると体積がふえ，温度が下がると体積がへるからです。

● しかし，金ぞくは，空気や水ほどには体積は変化しません。　答 C

もっとくわしく　温度と体積…温度によって体積が変化するのは，空気や水や金ぞくだけではありません。すべての物の体積が，温度によって変化します。ただし，変化する量は左図のように，物によってちがいます。

たいせつポイント　金ぞくも温度が上がると体積がふえ，温度が下がると体積がへる。
温度による体積の変化の大きい順から，空気→水→金ぞく。

教科書のドリル

答え → 別さつ12ページ

❶ 試験管の口にせっけん水のまくをはり，湯につけたところ，せっけん水のまくが図のようにふくらみました。これについて，次の問いに答えなさい。

せっけん水のまく

→

湯

(1) せっけん水のまくがふくらんだのは，試験管の中の空気の体積がどうなったからですか。（　　　　　）

(2) 試験管を湯から出してしばらく置くと，せっけん水のまくはどうなりますか。次のア～ウから1つ選び，記号を書きなさい。（　　　　　）

　ア　ふくらんだまま。
　イ　もとにもどる。
　ウ　さらにふくらんではじける。

❷ 右の図のように，試験管の口に，ガラス管をさしたゴムせんをして，水をのぼらせました。これを湯の中につけるとどうなりますか。次のア～ウから1つ選びなさい。
（　　　　　）

はじめの水の高さ

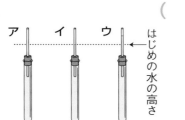

ア　イ　ウ　←はじめの水の高さ

❸ アルコールランプの使い方について正しいものは○，まちがっているものは×と書きなさい。

(1) アルコールの量は8分目以下のものを使う。（　　　　　）

(2) マッチをすって，アルコールランプのしんに横から近づけ，火をつける。（　　　　　）

(3) 火を消すときは，すばやくふき消す。（　　　　　）

❹ 下の図のようなガスバーナーについて，次の問いに答えなさい。

ゴムホース

①
②

(1) ①と②は，それぞれ何を調節するねじですか。
　　　　　　①（　　　　　　）
　　　　　　②（　　　　　　）

(2) 火をつけるとき，①と②のねじのどちらを先に開きますか。
（　　　　　）

(3) ほのおの色は，何色になるように空気の量を調節しますか。
（　　　　　）

② 物のあたたまり方

考えよう 金ぞくのぼうのはしのほうを熱し続けると，どうなりますか。

正しいのは？
Ⓐ 熱した所だけが熱くなる。
Ⓑ ぼう全体が熱くなる。
Ⓒ ところどころ熱くなる。

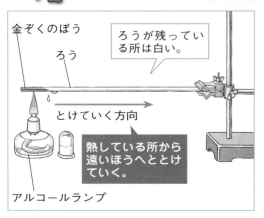

金ぞくのぼう
ろう
ろうが残っている所は白い。
とけていく方向
熱している所から遠いほうへととけていく。
アルコールランプ

金ぞくの中を熱が伝わるんだよ。

実験 金ぞくのぼうにろうをぬり，ぼうのはしのほうだけをアルコールランプで熱して，ろうのとけ方を見てみましょう。

● 金ぞくのぼうにぬったろうは，アルコールランプで熱している所がまずとけます。そして，熱している所から遠いほうへと，順にとけていきます。

● このように，熱していない所までとけるのは，熱した所からその反対のはしのほうへと，ぼうを熱が伝わったためです。

答 Ⓑ

考えよう 金ぞくのぼうのまん中を熱し続けると，どうなりますか。

正しいのは？
Ⓐ まん中から，向かって右半分が熱くなる。
Ⓑ まん中から，向かって左半分が熱くなる。
Ⓒ ぼう全体が熱くなる。

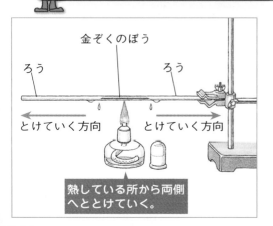

金ぞくのぼう
ろう
ろう
とけていく方向
とけていく方向
熱している所から両側へととけていく。

● 左の図のように，金ぞくのぼう全体にろうをぬって，ぼうのまん中をアルコールランプで熱します。

● すると，熱している所から両側へ順にろうがとけていきます。

● このように，熱は，金ぞくのぼうの両側へ同じように伝わっていくのです。

答 Ⓒ

3 考えよう 熱は，金ぞくのぼうを上下どちらへ伝わるでしょうか。

正しいのは？

Ⓐ 上下どちらへも伝わる。

Ⓑ 上のほうにだけ伝わる。

Ⓒ 下のほうにだけ伝わる。

● 右の図のように，ろうをぬった金ぞくのぼうをななめにして，ぼうのまん中を熱します。

● すると，熱している所から，上下どちらへも順にろうがとけていきます。

● このように，熱は金ぞくのぼうの上下どちらへも伝わっていきます。

答 **Ⓐ**

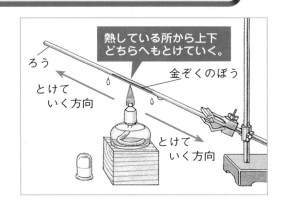

熱している所から上下どちらへもとけていく。

ろう

とけていく方向

金ぞくのぼう

とけていく方向

4 考えよう 金ぞくの板に切れ目を入れて熱すると，どうなるでしょうか。

正しいのは？

Ⓐ 切れ目の手前までしか熱は伝わらない。

Ⓑ 全体に熱が伝わり，熱くなる。

Ⓒ 熱した所だけしか熱くならない。

実験 四角い金ぞくの板にろうをぬり，次のように熱してみましょう。

①板の中央を熱する。

②板の角を熱する。

③板に切れ目を入れて，角を熱する。

● 金ぞくの板にぬったろうは，それぞれ，右の図のように，熱した所からまわり全体に順にとけていきます。

● このようになるのは，熱が熱した所からあらゆる方向に順に伝わっていくからです。

答 **Ⓑ**

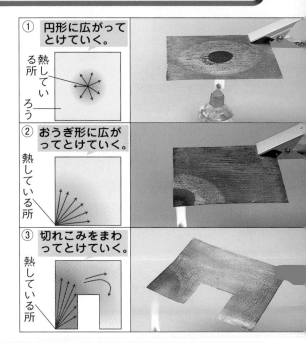

① 円形に広がってとけていく。

熱している所

ろう

② おうぎ形に広がってとけていく。

熱している所

③ 切れこみをまわってとけていく。

熱している所

たいせつポイント 金ぞく { 熱すると，熱していない所へも熱が伝わる。
熱は，熱している所からまわり全体へ伝わる。

5 考えよう 試験管に水を入れて底のほうを少しの時間熱すると，どうなる？

正しいのは？

Ⓐ 底のほうの水だけ，あたたかくなる。
Ⓑ 全体の水が同じあたたかさになる。
Ⓒ 水面近くの水だけ，あたたかくなる。

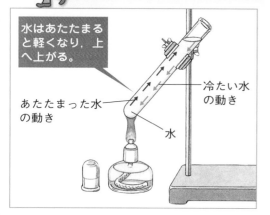

水はあたたまると軽くなり，上へ上がる。

あたたまった水の動き

冷たい水の動き

水

 実験 試験管に水を $\frac{3}{4}$ くらい入れて，アルコールランプで底のほうを 30 秒間熱し，どの部分の水があたたまっているか調べます。

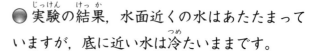

● 実験の結果，水面近くの水はあたたまっていますが，底に近い水は冷たいままです。

● このようになるのは，あたためられた水が上のほうへ上がり，上のほうにあった冷たい水が下のほうへ下がるからです。

● 水は，温度が上がると体積がふえて軽くなり，上へ上がります。 答 Ⓒ

色が変化した所の温度が高いんだ。

 もっとくわしく サーモテープ…決められた温度より高くなると色が変わるようにつくられたテープです。上の実験を，サーモテープを使っておこなうと，水面近くから色が変化していきます。

6 考えよう 試験管に水を入れて水面近くを熱したとき，底のほうの水温は？

正しいのは？

Ⓐ 熱する前とほとんど変わらない。
Ⓑ 水面近くとまったく同じ。
Ⓒ 水面近くより高くなる。

底のほうの水は冷たいまま。

熱している所はわきたつ。

水

● 試験管に水を入れて水面近くを熱すると，水面近くがわきたってきます。

● 熱するのをやめて，試験管の底のほうをさわると，底のほうの水は冷たいままです。

● このようになるのは，熱せられて温度の上がった水は下へは下がらないからです。

答 Ⓐ

7 考えよう 水を入れたビーカーの底のはしを熱すると、水の動きはどうなる？

正しいのは？

Ⓐ はしのほうだけを回るように動く。

Ⓑ ビーカー全体を回るように動く。

Ⓒ ちがった向きの流れがいくつもできる。

🔵 水を入れたビーカーにおがくずを入れ、ビーカーのはしの部分を下から熱します。

🔵 すると、おがくずは、右の図のように、ビーカー全体を回るように動きます。

🔵 おがくずの動きは、水の動きと同じです。このように水が動いて、全体の水があたたまっていきます。 答 Ⓑ

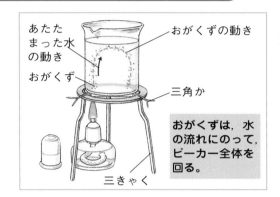

あたたまった水の動き
おがくずの動き
おがくず
三角か
三きゃく

おがくずは、水の流れにのって、ビーカー全体を回る。

8 考えよう 空気をあたためると、どうなるでしょうか。

正しいのは？

Ⓐ 金ぞくと同じようなあたたまり方をする。

Ⓑ 空気はあたたまらない。

Ⓒ 水と同じようなあたたまり方をする。

🔵 右の図のようにして、電熱器のそばに火のついた線香を置きます。

🔵 すると、線香のけむりが右の図のように流れます。

🔵 これは、電熱器によってあたためられて温度が高くなり、体積がふえて軽くなった空気は上へ上がり、温度の低い空気は下へ下がるからです。このように、空気も水と同じあたたまり方をします。 答 Ⓒ

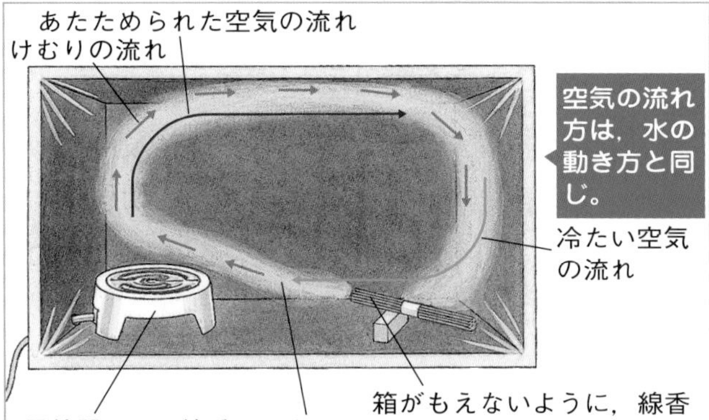

あたためられた空気の流れ
けむりの流れ

空気の流れ方は、水の動き方と同じ。

冷たい空気の流れ

電熱器　線香のけむり

箱がもえないように、線香の先を少し上げる。

箱の内側を黒くぬると、けむりの流れが見やすくなるよ。

たいせつポイント

あたためられた水と空気は、軽くなり、上へ上がる。

水と空気は、同じ動き方(流れ方)をしてあたたまる。

◎ 空気や水のせいしつを使ったおもちゃ（２）

動く一円玉

一円玉

冷やした
ガラスのびん

手は，湯で
あたためて
おく。

● 冷やしたガラス
のあきびんの口
に一円玉をのせ，
あたためた手で
びんをにぎると，
一円玉がパタパ
タと動く。

ひとりでに出る ふんすい

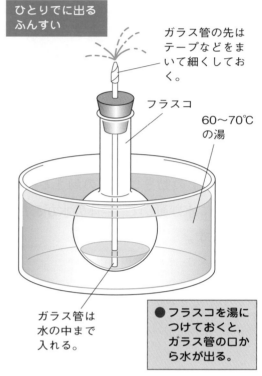

ガラス管の先は
テープなどをま
いて細くしてお
く。

フラスコ

60〜70℃
の湯

ガラス管は
水の中まで
入れる。

● フラスコを湯に
つけておくと，
ガラス管の口か
ら水が出る。

ガラスのびんの てっぽう

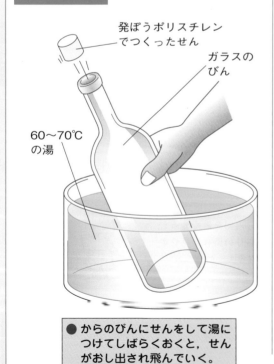

発ぽうポリスチレン
でつくったせん

ガラスの
びん

60〜70℃
の湯

● からのびんにせんをして湯に
つけてしばらくおくと，せん
がおし出され飛んでいく。

おどる魚たち

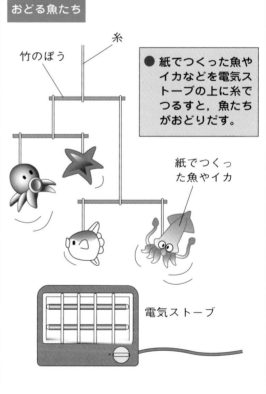

糸

竹のぼう

紙でつくっ
た魚やイカ

電気ストーブ

● 紙でつくった魚や
イカなどを電気ス
トーブの上に糸で
つるすと，魚たち
がおどりだす。

教科書のドリル

答え → 別さつ12ページ

❶ 金ぞくのぼうにろうをぬって，ぼうのはしのほうをアルコールランプの火で熱しました。これについて，問いに答えなさい。

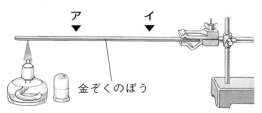

金ぞくのぼう

(1) 上の図のアとイのどちらのろうが先にとけますか。　（　　　）

(2) 次の（　）にあてはまることばを，下のア～カから選び，記号を書きなさい。

(1)のようになるのは，（　　　）が金ぞくのぼうを，（　　　）所から（　　　）に伝わっていくためです。

ア　光　　　　　　イ　熱

ウ　熱している

エ　てらしている

オ　順　　　　　　カ　ぎゃく

❷ 右の図のような形をした鉄板のア～ウにろうをぬり，×点をアルコールランプで加熱しました。このとき，最もとけるのがおそいのは，どこにぬったろうですか。ア～ウから1つ選び，記号を書きなさい。　（　　　）

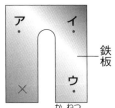

鉄板

❸ 下の図のように，試験管に水を入れて，底のほうからアルコールランプの火で30秒くらい熱しました。ア～ウのうち，どこの水の温度が最も高くなっていますか。1つ選び，記号を書きなさい。

（　　　）

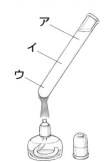

❹ 下の図のように，箱の内側を黒くぬって，はしのほうに電熱器を置いてスイッチを入れます。そして，電熱器のそばに火のついた線香を置きます。これについて，あとの問いに答えなさい。

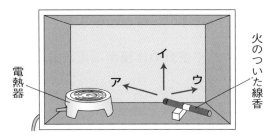

電熱器

火のついた線香

(1) 線香のけむりはどちらへ流れていきますか。図の中のア～ウから選びなさい。　（　　　）

(2) 次の文の（　）にあてはまることばを書きなさい。

電熱器によってあたためられた空気は体積が（　　　）て（　　　）くなり，（　　　）へ（　　　）る。

1 右の図のように，注しゃ器に同じ体積の水と空気を入れて，注しゃ器の先をゴムでせんをしました。これについて，次の問いに答えなさい。

[8点ずつ…合計24点]

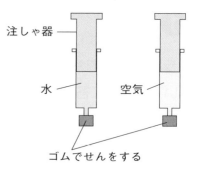

注しゃ器

水　　空気

ゴムでせんをする

(1) 両方の注しゃ器を湯の中につけると，どうなりますか。次のア～エから1つ選びなさい。

〔　　　〕

　ア　空気は体積がふえるが，水は体積がへる。
　イ　空気は体積がへるが，水は体積がふえる。
　ウ　両方とも体積がふえるが，水のほうがふえ方が大きい。
　エ　両方とも体積がふえるが，空気のほうがふえ方が大きい。

(2) また，はじめのじょうたいから，両方の注しゃ器を氷水の中につけると，どうなりますか。次のア～エから1つ選びなさい。　〔　　　〕
　ア　空気は体積がふえるが，水は体積がへる。
　イ　空気は体積がへるが，水は体積がふえる。
　ウ　両方とも体積がへるが，水のほうがへり方が大きい。
　エ　両方とも体積がへるが，空気のほうがへり方が大きい。

(3) 水や空気の体積がふえたりへったりするのは，水や空気の何が変わったからですか。
〔　　　　　〕

2 右の図のような金ぞくの玉と金ぞくの輪があります。金ぞくの玉は，輪をすれすれで通りぬけることができます。これについて，次の問いに答えなさい。

[8点ずつ…合計16点]

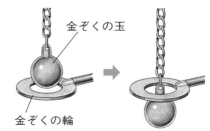

金ぞくの玉

金ぞくの輪

(1) 金ぞくの玉が輪を通りぬけなくなるのは，玉を熱したときですか，冷やしたときですか。
〔　　　　　〕

(2) 金ぞくを(1)のようにしたとき，金ぞくの体積はふえていますか，へっていますか。
〔　　　　　〕

3 金ぞくと水のあたたまり方について, 次の問いに答えなさい。[4点ずつ…合計36点]

(1) 右の図のように, ア〜エのろうをつけた金ぞくのぼうをななめにして, ぼうのまん中をアルコールランプで熱しました。熱でろうがとけるのは, ア〜エのどれですか。すべて書きなさい。

〔　　　　　〕

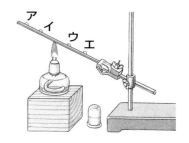

(2) 四角い金ぞくの板の角をガスバーナーで熱すると, 熱はどのように伝わりますか。右のア〜ウから1つ選びなさい。

〔　　　　　〕

熱くなっている部分

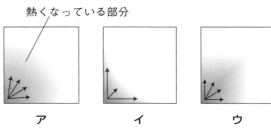

ア　　　　イ　　　　ウ

(3) 試験管の中の水全体をあたためるためには, どうすればよいですか。右のア〜ウから1つ選びなさい。

〔　　　　　〕

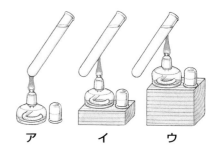

ア　　　　イ　　　　ウ

(4) 次の文の〔　〕に, あてはまることばを入れなさい。

　金ぞくと水では, あたたまり方がちがいます。金ぞくでは, 熱している所からまわりへ〔　　　　〕に〔　　　　〕が伝わり, あたたまります。一方, 水では, 熱せられて温度の〔　　　　〕くなった水が〔　　　　〕のほうへ動き, ぎゃくに, 温度の〔　　　　〕い水が〔　　　　〕のほうにくることをくり返して, 全体があたたまります。

4 空気のあたたまり方について, 問いに答えなさい。

[8点ずつ…合計24点]

(1) 右の図のように, 電熱器の上に紙テープをかざし, 電熱器のスイッチを入れて熱しました。紙テープは, ア, イのどちらのほうへ動きますか。　〔　　　〕

うすい紙テープ

(2) (1)のようになるのは, 空気の体積が変化するからです。(1)の結果より, 空気が熱せられると, 空気の体積はふえますか, へりますか。

〔　　　　　〕

(3) 空気は, 金ぞくと水のどちらと同じあたたまり方をしますか。　〔　　　　　〕

なるほど科学館

レールや橋ののびちぢみ

▷金ぞくが長くなると，温度によるのびちぢみが大きくなります。そのため，せっかくつくった物がこわれることがあります。そこで，わたしたちの身のまわりには，そのようなじこをふせぐためのくふうがしてあります。

▷鉄道のレールのつなぎ目にすきまをあけてあるのは，そのひとつです。冬にはすきまが大きくても，夏の暑い日などには，レールがあたためられてのび，ほとんどすきまがなくなるくらいです。

▷長い橋のつなぎ目にも同じようなくふうがしてあります。これも，鉄がのびて橋がこわれないようにするためです。

レールのつなぎ目（冬）

レールのつなぎ目（夏）

▷空気は，熱せられて温度が上がると体積がふえて軽くなり，上へ上がります。反対に，温度が下がると体積がへって重くなり，下へ下がります。大空にうかぶ熱気球は，空気のこのようなせいしつを利用して，上がったりおりたりします。

熱気球が上がるわけ

▷まず，熱気球を上げるときは，ガスバーナーで気球の中の空気をあたため，中の空気をまわりの空気より軽くします。

▷反対に，熱気球を下げるときは，ガスバーナーを止めて気球の中の空気の温度を下げたり，中のあたたかい空気を外へにがしたりします。

熱気球が上がったり下がったりするわけがわかったかな。

11 生き物の冬のくらし

★ 冬になると，サクラやイチョウは葉をおとし，冬芽をつけている。

サクラ		イチョウ
冬芽		冬芽

春になると，冬芽から花や葉が出る。

★ こん虫は，たまごやさなぎなど，いろいろなすがたで冬をこす。

| カマキリ（たまご） | アゲハ（さなぎ） | カブトムシ（よう虫） |

★ ヘチマやツルレイシなどはかれてしまい，たねで冬をこす。

ヘチマ　　　　　ツルレイシ

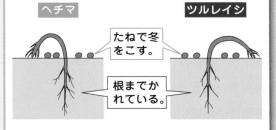

たねで冬をこす。

根までかれている。

★ カエルやテントウムシは，親（成虫）のまま，冬みんして冬をこす。

カエル　　　　　テントウムシ

土の中で冬みんする。　集まって冬みんする。

★ サザンカやヤツデは，冬に花をさかせる。

サザンカ　　　　　ヤツデ

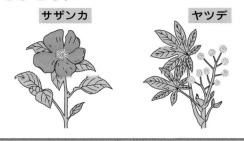

★ 冬になると，北からハクチョウやカモなどのわたり鳥が活動する。

ハクチョウ　　　　　カモ

1 植物のくらし

1 考えよう 冬のころのサクラの えだは、どんなようす でしょうか。

正しいのは？
A 赤く色づいた葉が、いっぱいついている。
B 葉はすっかり落ちてしまっている。
C 芽がふくらんで、葉が出はじめている。

観察 冬のサクラのえだを観察し、わかっ たことをまとめましょう。

冬のサクラのえだ

サクラの冬芽を
切ったところ

● 冬の**サクラ**のえだは、

① 葉は落ちてしまっている。

② 葉のつけねの芽（冬芽）は大きくなっている。 春、この芽から葉や花が出る。

● このように、葉が落ちてしまっても、サクラ はかれたわけではありません。

● **イチョウ**や**アジサイ・カキ**なども冬芽をつ けて冬をこします。

答 **B**

2 考えよう 冬のころ、タンポポ はどのようなようすで しょうか。

正しいのは？
A 根は生きているが、葉はかれている。
B よく育ち、花をつけているものもある。
C 葉を地面いっぱいに広げている。

タンポポ　　アレチマツヨイグサ

● 野原の日当たりのよい所では、**タンポポ**が 葉を地面いっぱいに広げています。タンポポ は、このまま冬をこします。

● **アレチマツヨイグサ・ナズナ・ヒメジョオ ン・スイバ**なども同じように葉を広げたままで 冬をこします。

答 **C**

3 考えよう ヘチマは，どのようなすがたで冬をこすのでしょうか。

正しいのは？

A 生きた根で冬をこす。

B たねで冬をこす。

C たねから出た芽で冬をこす。

観察 ヘチマの根をほりおこし，根がどうなっているか調べましょう。

● ヘチマは，冬になると，くきや葉だけではなく根まですべてかれて，死んでしまいます。

● しかし，秋にできたたねは生きており，たねで冬をこします。春になると，たねから芽が出ます。

● ツルレイシやヒョウタン・ツユクサなども，冬になると根までかれてしまい，たねで冬をこします。

答 B

4 考えよう 冬に花をさかせている木や草花には，何があるでしょうか。

正しいのは？

A ムクゲ・ネムノキ・ヒガンバナ

B サザンカ・ヤツデ・カンツバキ

C キョウチクトウ・クチナシ・アヤメ

● 冬に花をさかせる植物はたいへん少ないですが，次のようなものがあります。

● 庭によく植えてあるサザンカやヤツデは，冬に花をさかせます。また，ビワやチャなども冬に花をさかせます。

答 B

サザンカ

ヤツデ

たいせつポイント 冬の植物 { サクラやイチョウは葉を落とし，冬芽をつけている。

ヘチマやツルレイシはかれてしまい，たねで冬をこす。

2 動物のくらし

1 考えよう たまごで冬ごしをしている動物には，どんなものがいますか。

正しいのは？

A オビカレハ・コオロギ・カマキリ

B テントウムシ・カブトムシ・コガネムシ

C アゲハ・モンシロチョウ・カエル

⬤動物は，いろいろなすがたで冬ごしをしています。

⬤たまごで冬ごしをしているものは，オビカレハ・コオロギ・スズムシ・カマキリなどです。これらは，春になると，たまごからよう虫がかえります。

⬤よう虫で冬ごしをしているものは，カブトムシ・コガネムシ・ホタルなどです。これらは，ひ料や土の中に入りこんで，冬ごしをします。

⬤さなぎで冬ごしをしているものは，アゲハ・モンシロチョウなどです。これらは，春になると，成虫になります。　**答 A**

カマキリ

コオロギ

カブトムシのよう虫

アゲハのさなぎ

2 考えよう 成虫(親)で冬ごしをしている動物には，どんなものがいますか。

正しいのは？

A バッタ・ホタル・カイコガ

B テントウムシ・カタツムリ・カエル

C アブラゼミ・スズメガ・スズムシ

⬤成虫や親で冬ごしをするものもいます。こん虫では，テントウムシ・アカタテハなどです。こん虫以外では，カタツムリ・カエル・カメ・ザリガニなどたくさんいます。これらの冬ごしは冬みんともいわれます。　**答 B**

テントウムシ

カエル

3 考えよう 冬でも活動している動物には，どんなものがいるでしょうか。

正しいのは？
Ⓐ ツバメ・ホトトギス・カッコウ
Ⓑ ユリカモメ・ハクチョウ・キタキツネ
Ⓒ ヘビ・コウモリ・ヤマネ

● 冬になると，池や川，湖で鳥のむれが見られることがあります。ハクチョウやカモ・カモメのなかまです。これらの多くは，冬が近づくと北のシベリア地方からわたって来て，日本で冬をこします。そして，4月の終わりごろ，北へ帰っていきます。

● また，北海道にすむキタキツネは，冬でも冬みんしないで，えさを求めて，雪の中を活動しています。

答 Ⓑ

ハクチョウ

ユリカモメ

マガモ

キタキツネ

冬になると，寒い日には，空気の温度が0℃よりも低くなることがあります。そのようなとき，次のようにして，空気の温度をはかります。

0℃より低い温度のはかり方

● 空気の温度が0℃よりも低くなったときの温度は，「れい下□度」または「氷点下□度」，「マイナス□度」という。
右の図のようなときは，次のように読む。

❶ 0から下へ目もりの数を数える。右の図では3。

❷ 数えた目もりの数にれい下をつけて「れい下3℃」といい，書くときは「−3℃」と書く。

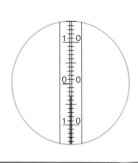

たいせつポイント　冬の動物 { こん虫はいろいろなすがたで冬ごしをする。
北から来たわたり鳥（ハクチョウなど）は活動している。

教科書のドリル

答え → 別さつ**13**ページ

❶ 次の(1)～(5)は，冬のある日に，校庭にある木のようすを調べた結果を書いたものです。正しいものには○，そうでないものには×をつけなさい。

(1) サクラの木は，すっかり葉を落としてしまっている。　　（　　）

(2) イチョウの木には，まだ緑色の葉がたくさんついている。（　　）

(3) アジサイは，芽がふくらんで新しい葉を出しかけている。（　　）

(4) サクラのえだには，たくさんの芽がついている。　　　（　　）

(5) サクラのえだで，新しくのびた部分の色は緑色のままである。
　　　　　　　　　　　　　（　　）

❷ 次のア～エから，冬のタンポポのようすを正しくあらわしているものを1つ選び，記号を書きなさい。　　　　　（　　）

ア つぎつぎに新しい葉を出し，いきおいよく育っている。

イ 葉はすっかりかれてしまっているが，地下で根が生きている。

ウ よわよわしい葉を，地面いっぱいに広げている。

エ 冬には，どこをさがしてもタンポポは見られない。

❸ 冬の野原を歩いていたら，下の写真のようなものを見つけました。これについて，次の問いに答えなさい。

(1) これは何ですか。次のア～ウから1つ選び，記号を書きなさい。　　（　　）

ア アブラゼミのたまご

イ カマキリのたまご

ウ アシナガバチの巣

(2) ここから出てくるのは，何ですか。次のア～ウから1つ選び，記号を書きなさい。　　（　　）

ア よう虫　　　イ さなぎ

ウ 成虫

❹ 下の虫のうち，よう虫で冬ごしをするものと成虫で冬ごしをするものを1つずつ選びなさい。

よう虫（　　　　　　）

成　虫（　　　　　　）

オビカレハ	エンマコオロギ
テントウムシ	スズムシ
モンシロチョウ	オオカマキリ
コガネムシ	アゲハ

答え → 別さつ14ページ
時間 **15**分　合格点 **80**点
とく点　／100

1 右の図は，冬のサクラのえだをスケッチしたものです。これについて，次の問いに答えなさい。

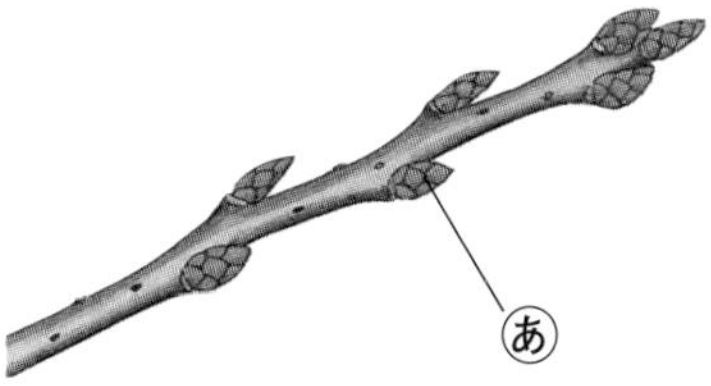

[10点ずつ…合計30点]

(1) 図の⑦を何といいますか。次のア～ウから1つ選び，記号を書きなさい。〔　　〕
　ア　冬芽　　　イ　冬葉　　　ウ　冬花

(2) 図の⑦は，どのようなものですか。次のア～ウから正しいものを1つ選び，記号を書きなさい。〔　　〕
　ア　葉が落ちたあと　　　イ　実(サクランボ)になるもと
　ウ　花や葉になる芽

(3) サクラの⑦と同じようなものをつくる植物を，次のア～エから1つ選び，記号を書きなさい。〔　　〕
　ア　タンポポ　　　イ　ヒマワリ　　　ウ　アサガオ　　　エ　イチョウ

2 動物は，冬になるといろいろなすがたで冬ごしをするもの，土の中に入って冬みんするもの，あるいは冬でも活発に活動しているものなど，さまざまです。次のそれぞれにあてはまるものを下の□□から1つずつ選び，記号を書きなさい。

[10点ずつ…合計70点]

(1) 落ち葉のうらなどで，成虫がかたまって冬ごしをする。〔　　〕

(2) さなぎが葉のうらなどにくっついて，冬ごしをする。〔　　〕

(3) 北の国から日本にわたって来て，日本で冬をこす。〔　　〕

(4) 土の中へうみつけられたたまごで冬をこす。〔　　〕

(5) 冬の間でも，冬みんしないで活動している。〔　　〕

(6) あわがかたまったものの中のたまごで冬をこす。〔　　〕

(7) 土の中にもぐって，じっとして冬をこす。〔　　〕

　ア　ハクチョウ　　イ　キタキツネ　　ウ　カエル　　エ　カマキリ
　オ　モンシロチョウ　　　カ　コオロギ　　　キ　テントウムシ

なるほど科学館

冬みんするのはなぜ？

冬みん中のアメリカザリガニ

▷ カエルやカメ・ザリガニなどは冬みんしますね。これはなぜでしょう。

▷ これらの動物やこん虫は，冬になって気温が低くなると，体温もいっしょに下がってしまいます。すると，からだの動きがにぶくなって，活動できなくなります。また，体温が下がりすぎると，死んでしまいます。

▷ そこで，温度が下がりすぎない土の中や水の中などで，じっとして冬をこすのです。

北から来るわたり鳥

▷ 冬になると，池や湖などにたくさんの鳥がむれになっているのを見かけます。これらは，シベリアなどの北の国から日本にわたって来るわたり鳥です。このわたり鳥は，冬に来ることから，冬鳥とよばれています。

▷ 冬，日本にわたって来るのは，日本より寒いシベリア地方では，池や湖がこおってしまい，えさがとれなくなるからです。

▷ 冬鳥は，ツバメのような夏鳥とちがって，日本ではたまごをうみません。冬をこすために，えさを求めてやってくるだけです。

▷ 冬鳥は，マガモ・ハクチョウ・ユリカモメ・マナヅルなど，約100種が知られています。

12 冬の空の星

⭐ 冬の夜，南東の空にオリオンざが見られる。

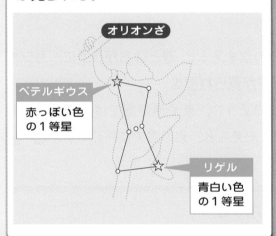

オリオンざ

ベテルギウス
赤っぽい色
の1等星

リゲル
青白い色
の1等星

⭐ オリオンざや冬の大三角は，南東（東）→南→西へと動く。

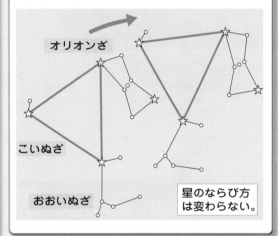

オリオンざ

こいぬざ

おおいぬざ

星のならび方
は変わらない。

⭐ ベテルギウスとシリウスとプロキオンを結ぶと冬の大三角ができる。

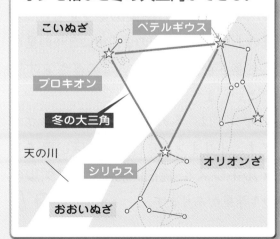

こいぬざ　　　ベテルギウス

プロキオン

冬の大三角

天の川

シリウス　　　オリオンざ

おおいぬざ

⭐ カシオペヤざは，下のほうへと動いていく。

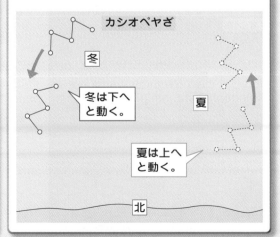

カシオペヤざ

冬

冬は下へ
と動く。

夏

夏は上へ
と動く。

北

119

1 冬の大三角

考えよう 冬の夜の空に見える星ざは，夏と同じでしょうか。

正しいのは？
- Ⓐ 全部同じ。
- Ⓑ 北の空の星ざは同じ。
- Ⓒ 南の空の星ざは同じ。

観察 冬の夜，夏に見られた星ざと同じ星ざが見られるか調べてみましょう。

- 東の空を見ても，はくちょうざもわしざもことざも見られません。

- また，南の空を見ても，さそりざは見られません。

- 北の空を見ると，夏とはちがう所に，カシオペヤざが見られます。

- このように，東や南の空では，夏とはちがう星ざが見られ，北の空では同じです。**答 Ⓑ**

考えよう 冬の夜，南東の空に見られる右の星ざを何といいますか。

正しいのは？
- Ⓐ オリオンざ。
- Ⓑ こいぬざ。
- Ⓒ おおいぬざ。

オリオンざ
リゲル
ベテルギウス

- 冬の午後8時ごろ，南東の空を見ると，左の写真のように，長方形のまん中に3つの星がならんだ星ざが見られます。この星ざをオリオンざといいます。

- オリオンざは，冬の夜空でいちばん目立つ星ざです。オリオンざには，赤っぽい色をしたベテルギウスと，青白い色をしたリゲルの2つの1等星があります。**答 Ⓐ**

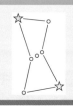

● 1月の初めの午後8時ごろ，南東の空を見ると，**オリオンざ**が見られます。

● オリオンざの赤い1等星の**ベテルギウス**から左ななめ下へと見ていくと，明るい星が見つかります。これは，おおいぬざの**シリウス**という1等星です。

● また，ベテルギウスから左へと見ていくと，そこにも明るい星があります。これは，こいぬざの**プロキオン**という1等星です。

● このベテルギウス・シリウス・プロキオンの3つの1等星を結んでできる三角形を**冬の大三角**といいます。　　　答 **C**

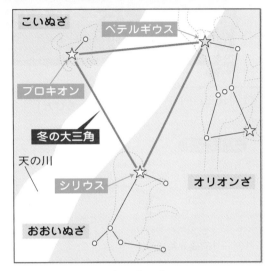

冬の大三角

夏の大三角とくらべてみよう。

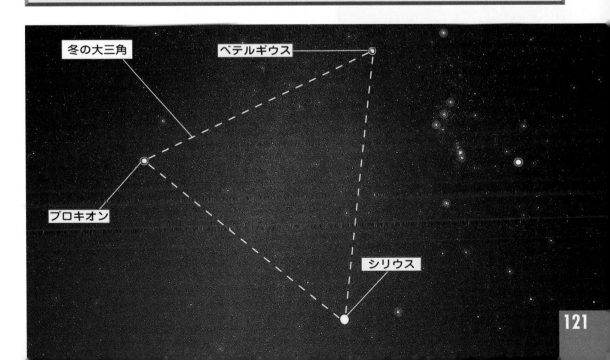

② 冬の空の星の動き

① 考えよう オリオンざは，時間がたつとどうなるでしょうか。

正しいのは？

Ⓐ じっとして動かない。

Ⓑ 形を変えながら動いていく。

Ⓒ 形はそのままで動いていく。

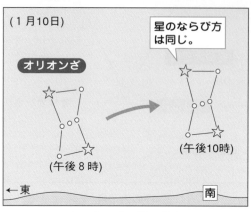

（1月10日）

オリオンざ

星のならび方は同じ。

（午後10時）

（午後8時）

← 東　　　南

オリオンざの星の動き

観察 冬の夜，南東の空に見えるオリオンざの位置と星のならび方を，午後8時と午後10時に調べます。

● オリオンざの星は，すべていっしょに南のほうへ上がっていきます。星が動いても，オリオンざの星のならび方は変わりません。

● オリオンざは，その後，ま南にきたとき最も高くなり，西へとしずんでいきます。

答 Ⓒ

② 考えよう 冬の大三角は，時間がたつとどうなるでしょうか。

正しいのは？

Ⓐ 三角形が大きくなっていく。

Ⓑ 三角形はそのまま，東から西へ動く。

Ⓒ 三角形が小さくなっていく。

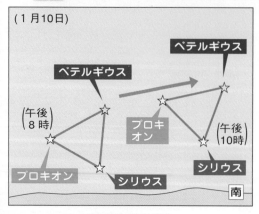

（1月10日）

ベテルギウス

ベテルギウス

（午後8時）

プロキオン

（午後10時）

プロキオン

シリウス

シリウス

南

冬の大三角の動き

観察 冬の夜，南東の空に見える冬の大三角の位置と星のならび方を，午後8時と午後10時に調べます。

● 冬の大三角をつくるベテルギウスとシリウスとプロキオンは，星のならび方はそのまま南のほうへ上がっていきます。

● 冬の大三角は，その後，星のならび方はそのままで，かたむきを変えながら，ま南を通って西へとしずんでいきます。

答 Ⓑ

3 （考えよう）1月初めの午後8時ごろ，カシオペヤざはどのあたりに見える？

正しいのは？
- **A** 北の空の低い所に見える。
- **B** 北の空の高い所に見える。
- **C** 夏のときと同じ場所に見える。

（観察）1月初めの午後8時に，カシオペヤざがどのあたりに見えるか調べます。

◯ このころ，**カシオペヤざ**は，北の空の高い所に見えます。

◯ 夏の終わりころには，カシオペヤざは北の空の低い所に見えていました。

◯ カシオペヤざは，ほぼ1年中北の空で見られますが，季節によって見える位置はちがいます。

答 **B**

1月10日
午後8時

カシオペヤざ

夏は低い所に見えていた。

冬は高い所に見える。

8月30日
午後8時

北

カシオペヤざの見える位置

4 （考えよう）北の高い空にあるカシオペヤざは，どちらへと動きますか。

正しいのは？
- **A** 高さはそのまま，東へと動く。
- **B** 高さはそのまま，西へと動く。
- **C** 下のほうへ動く。

（観察）カシオペヤざの位置と星のならび方を，午後8時と午後10時に調べます。

◯ カシオペヤざの星は，星のならび方はそのままで，下へと動きます。

◯ カシオペヤざは，その後，時計のはりとは反対の向きに，北の空の低い所へ向かって円をかくように動きます。

答 **C**

夏のころの動きとくらべてみよう。

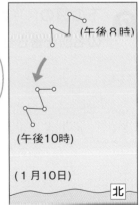

（午後8時）

（午後10時）

（1月10日）

北

（たいせつポイント）**冬の星ざの動き** { オリオンざは東→南→西に動く。 カシオペヤざは反時計回りに下へ動く。

教科書のドリル

答え → 別さつ14ページ

❶ 次の文の（　）にあてはまることばを書きなさい。

(1) 冬の大三角は，

（　　　　　）ざのベテルギウス，

（　　　　　）ざのシリウス，

（　　　　　）ざのプロキオン

の３つの星を結んだものである。

(2) オリオンざの（　　　　　）は，赤色の１等星，（　　　　　）は，青白色の１等星である。

(3) １月中ごろの午後８時ごろ，さそりざは見られ（　　　）。

(4) １月中ごろの午後10時ごろ，北極星の西側には，（　　　　　）ざが見られる。

❷ 下の図の（　）の中に，星や星ざの名前を書きなさい。

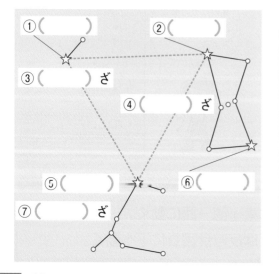

① (　　　　)
② (　　　　)
③ (　　　　) ざ
④ (　　　　) ざ
⑤ (　　　　)
⑥ (　　　　)
⑦ (　　　　) ざ

❸ ま南の空に見えるオリオンざの動きを調べました。これについて，次の問いに答えなさい。

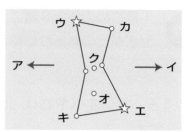

(1) 時間がたつにつれて，オリオンざはア，イのどちらのほうへ動いていきますか。（　　　）

(2) 赤色をしているのは，ウ〜クのうちのどれですか。（　　　）

❹ 次の文のうち，正しいものには○を，まちがっているものには×を，（　）につけなさい。

(1) 南の空に見える星は，東からのぼり，南の空を通り，西にしずむ。この動きは，夏でも冬でも同じである。（　　　）

(2) 夏とちがって，冬になると，北の空に見える星は，どれも動かなくなる。（　　　）

(3) 北の空に見える星は，北極星を中心に，時計のはりとは反対の向きにまわる。これは，夏でも冬でも同じである。（　　　）

1 冬の大三角について，下の問いに答えなさい。　　　　　　　　［7点ずつ…合計84点］

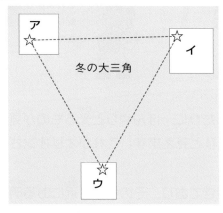

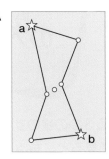

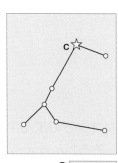

(1)　上の図のア，イ，ウの□に入る星ざを，それぞれ右の図のA，B，Cから選び，記号で答えなさい。　　　　　　　　ア〔　　　〕イ〔　　　〕ウ〔　　　〕

(2)　A，B，Cの星ざの名前を，それぞれ書きなさい。

　　　　　　　　　　　　　　　A〔　　　〕B〔　　　〕C〔　　　〕

(3)　a～dの星の名前を，それぞれ書きなさい。

　　　　　　　　　a〔　　　〕b〔　　　〕c〔　　　〕d〔　　　〕

(4)　a～dの星のうち，赤色の星と青白色の星をそれぞれ1つずつ選び，記号を書きなさい。　　　　　　　　　　赤色の星〔　　　〕青白色の星〔　　　〕

2 右の図は，1月中ごろの午後8時ごろに，北の空で見られた星をスケッチしたものです。これについて，次の問いに答えなさい。　　　　　　［8点ずつ…合計16点］

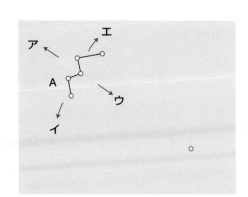

(1)　Aの星ざを何といいますか。

　　　　　　　　　　　　〔　　　　　　　〕

(2)　Aの星ざは，このあとどちらへ動きますか。図の中のア～エから1つ選び，記号を書きなさい。　　　　　　　〔　　　〕

オリオンざ
の大星雲（だいせいうん）

この大星雲では
新しい星がうま
れているよ。

▷ オリオンざのまん中にある３つの星（ほし）のすぐ下のあたりに，ぼんやりと光（ひか）るものが見え
ます。そうがんきょうなどで見ると，もっとはっきりと見えます。これがオリオンざの
大星雲（せいうん）とよばれているものです。

▷ オリオンざの大星雲は，ガスやちりが集（あつ）まってできており，その中心付近（ふきん）にある明（あか）る
い星から出される強（つよ）いしがい線（せん）によって，ガスやちりが高温（こうおん）になり，光って見えるのです。

▷ オリオンざの大星雲をつくっているガスやちりは，星がうまれるもとになるものと同（おな）
じものだと考（かんが）えられています。そして，くわしい研究（けんきゅう）によると，オリオンざの中心付近
では，星がたくさんうまれていて，わかい星の集まりがいくつもあることがたしかめら
れています。

オリオンざ

大星雲

オリオンざの大星雲

13 水のすがたの変わり方

教科書のまとめ

★ 水を熱すると，約100℃でふっとうし，それ以上温度は上がらない。

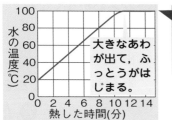

ふっとう後はいくら熱しても，100℃のままである。

大きなあわが出て，ふっとうがはじまる。

★ 水は0℃でこおりはじめ，こおり終わるまで0℃のままである。

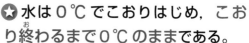
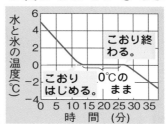

こおり終わる。

こおりはじめる。 0℃のまま

こおり終わると，ふたたび温度が下がる。

★ 湯気は，水じょう気が空気中で冷やされてできた小さな水のつぶ。

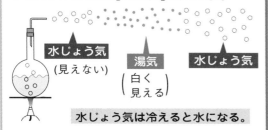

水じょう気（見えない）　湯気（白く見える）　水じょう気

水じょう気は冷えると水になる。

★ 温度によって，水は，固体→えき体→気体とすがたを変える。

水（えき体）

冷やす　あたためる

冷やす　あたためる

氷（固体）

水じょう気（気体）

★ 空気中の水じょう気は，冷やされると水になる。

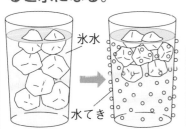

氷水

水てき

コップのまわりの水じょう気が冷やされて水になる。

★ 水が氷や水じょう気にすがたを変えると体積が変化する。

水

約1700倍

少しふえる

水じょう気

氷

① 水をあたためたときの変化

① 考えよう 水を熱したときに出るあわの大きさは，ずっと同じでしょうか。

正しいのは？

A 小さなあわが出たあと大きなあわが出る。
B 大きなあわが出たあと小さなあわが出る。
C ずっと同じ大きさのあわが出る。

小さなあわがついたころ

ふっとうしているとき

● 水をフラスコに入れて熱すると，水のようすは，次のように変わっていきます。

① フラスコの底や内側のかべに，**小さなあわ**がつく。

② フラスコの中が湯気でくもる。

③ フラスコの内側の小さなあわがなくなる。

④ 底から，**大きなあわ**が出はじめる。

⑤ 大きなあわがたくさん出て，わき立つ。

● ⑤のようになって，水がわき立つことを，ふっとうといいます。　**答 A**

② 考えよう 水を熱してふっとうしたときの水の温度は，どれくらいでしょうか。

正しいのは？

A 50℃くらい。
B 200℃くらい。
C 100℃くらい。

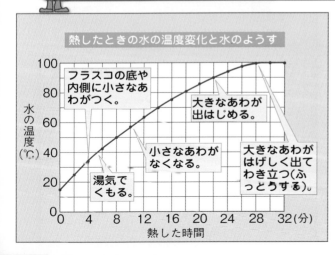

熱したときの水の温度変化と水のようす

フラスコの底や内側に小さなあわがつく。

大きなあわが出はじめる。

小さなあわがなくなる。

湯気でくもる。

大きなあわがはげしく出てわき立つ（ふっとうする）。

水の温度（℃）

熱した時間（分）

● 水を熱すると，水の温度はどんどん上がります。それと同時に，水のようすも変わります。

● 水を熱したときの水の温度の変化と，そのときの水のようすをまとめると，右の図のようになります。

● 水がわき立って，ふっとうしているときの温度は，およそ100℃になります。　**答 C**

3 考えよう ふっとうした水を熱し続けると，水の温度はどうなるでしょうか。

正しいのは？

Ａ ふっとうしたときの温度のままである。

Ｂ さらに上がり続ける。

Ｃ 下がりはじめる。

● およそ100℃になってふっとうした水を，そのあといくら熱し続けても，水の温度はそれ以上は上がらず，100℃のままです。

● また，熱するのをやめないかぎり，温度が下がることもなく，ふっとうし続けます。

答 Ａ

もっとくわしく 水がふっとうする温度…水がふっとうするときの温度は，ふつうは100℃ですが，高い山の上などでは100℃より低い温度でふっとうします。

ふっとうしたら

温度は上がらなくなったよ。

4 考えよう 水がふっとうしたときに出るあわの正体は何でしょうか。

正しいのは？

Ａ 水の中にとけていた空気。

Ｂ 水が熱せられてすがたを変えたもの。

Ｃ 水の入っている容器から出た空気。

● 水を熱してすぐつく小さなあわと，ふっとうするときに出る大きなあわは，まったく別のものです。

● 熱してすぐつく**小さなあわ**は，水の中にとけていた空気が出てきたものです。

● いっぽう，水がふっとうするときに出る**大きなあわ**は，水が熱せられてすがたを変えた**水じょう気**です。

● 水がふっとうするときには，水の表面からだけではなく，水の中からも水じょう気が出ます。

答 Ｂ

この大きなあわって水じょう気なんだ。

ふっとうしているときに出る水じょう気はとても熱いので，やけどしないように注意！

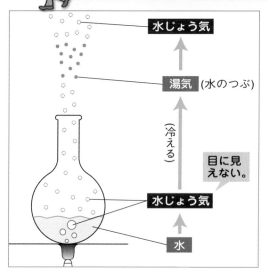

水じょう気

湯気 (水のつぶ)

(冷える)

目に見えない。

水じょう気

水

●水を熱すると，白い湯気が出てきます。この湯気は，水じょう気ではありません。水じょう気は，目には見えません。

●水じょう気は，水面から出ても，温度が高いうちは水じょう気のままでいられますが，空気中で冷やされると小さな水のつぶになって，水にもどります。その小さな水のつぶが白く見えているのが湯気です。

●湯気は，ふたたび水じょう気になって見えなくなります。　　　　　　　　答 Ｂ

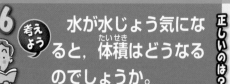

水じょう気　しぼむ

(熱するのをやめる)

●水が水じょう気になると，体積は約1700倍にふえます。ぎゃくに，水じょう気が水にもどると，体積は約1700分の1にへります。

●右のようにして，ふっとうしてできた水じょう気をポリエチレンのふくろに集めます。熱するのをやめるとふくろがしぼみますが，これは，水じょう気が水にもどって，体積がへったからです。　　　　　　　　　　答 Ｂ

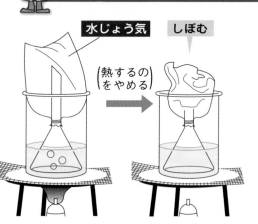

たいせつポイント 水がふっとうしているときに出るあわは，水じょう気。
水じょう気が冷えると，小さな水のつぶになる(湯気)。

教科書のドリル

1 フラスコに入れた水の温度をはかりながらアルコールランプで熱したところ，数分後にフラスコの底や内側のかべに，小さなあわがつきはじめました。さらに熱し続けると，小さなあわは消え，図のように，フラスコの底のほうから，さかんにあわが出て，わき立ちました。これについて，次の問いに答えなさい。

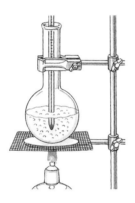

(1) はじめに出てきた小さなあわは，何ですか。（　　　　　　）

(2) 水がわき立つことを何といいますか。（　　　　　　）

(3) (2)のとき，底のほうから出てくるあわは何ですか。（　　　　　）

(4) (2)のときの温度は，およそ何℃ですか。（　　　　℃）

(5) さらに熱し続けると，水の温度はどうなりますか。（　　　　　）

(6) 実験後，フラスコ内の水の量はどうなっていますか。（　　　　）

2 下の図のようなそうちで，水をふっとうさせたときに出てきたものをア〜ウの部分に分けて調べました。水じょう気ならば○，湯気ならば×を（　）にかきなさい。

ア　　 イ　　　ウ
見えない　白く　見えない
　　　　　見える

ア（　　　　）　　イ（　　　　）
ウ（　　　　）

3 水を入れた三角フラスコの口にしぼんだふくろをつけ，下の図のようなそうちで温めたところ，ふくろがふくらみました。これについて，あとの問いに答えなさい。

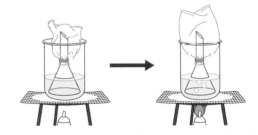

(1) 水が水じょう気になると，体積はどうなりますか。

（　　　　　　　　）

(2) 火を消して温めた三角フラスコをしばらくおいておくとふくろはどうなりますか。

（　　　　　　　　）

2 水を冷やしたときの変化

1 考えよう

コップに氷水を入れると，なぜコップの表面に水てきがつくのか。

正しいのは？

Ａ 水じょう気が冷やされて水になるから。

Ｂ コップから水がしみ出すから。

Ｃ 水が冷やされて水じょう気になるから。

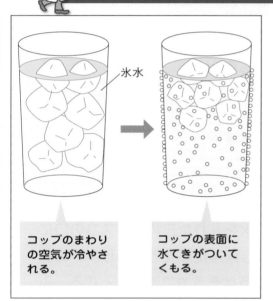

氷水

コップのまわりの空気が冷やされる。

コップの表面に水てきがついてくもる。

実験 かわいたコップに氷水を入れて，しばらくおいて，コップの表面のようすを調べます。

⚫ 実験の結果，コップの表面には，水てきがつきます。これは，コップの表面近くの空気中の水じょう気が冷やされて小さな水のつぶになって（結ろという），コップの表面についたものです。

⚫ 寒い日にまどガラスの内側がくもるのも，同じ理由からです。 **答 Ａ**

2 考えよう

ビーカーに入れた氷水で水を冷やすと，水はこおるでしょうか。

正しいのは？

Ａ 水が冷やされやすいのでよくこおる。

Ｂ こおらない。

Ｃ 氷水の氷がとけた分だけこおる。

こおらないね。

⚫ 左の図のようにして，試験管に水を3分の1くらい入れて，細かくくだいた氷と水の入ったビーカーの中で冷やします。

⚫ しばらくすると，試験管と中の水は冷たくなりますが，試験管の中の水はこおりません。

⚫ このように，氷水で水を冷やしても，水はこおりません。水がこおるためには温度が0℃より低くなる必要があるからです。

答 Ｂ

3 考えよう 水が氷になるとき，温度はどのように変化するでしょうか。

正しいのは？

Ⓐ こおり終わるまで0℃のまま。

Ⓑ こおりはじめたら0℃より下がる。

Ⓒ こおり終わっても0℃のまま。

実験 右の図のようにして，細かくくだいた氷に水と食塩をまぜたものを入れて，試験管の中の水を冷やします。2分ごとに試験管の中の水の温度をはかって，水がこおるときの温度の変化を調べましょう。

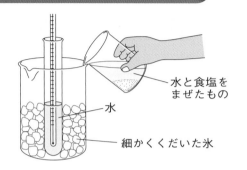

水と食塩を
まぜたもの

水

細かくくだいた氷

● 氷と水をまぜただけでは，氷水の温度は，0℃より下がりません。しかし，氷に水と**食塩**をまぜると，氷水の温度は0℃より低くなります。これによって，試験管の中の水を0℃より低い温度で冷やすことができます。

● 実験の結果をグラフにすると，右のようになります。

①試験管の中の水は，0℃でこおりはじめます。そして，試験管の中の水が全部こおってしまうまで，0℃のままです。

②試験管の中の水がこおり終わると，試験管の中の氷の温度は0℃より下がりはじめます。　答 Ⓐ

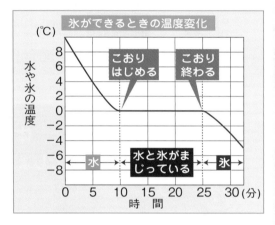

氷ができるときの温度変化

(℃)

水や氷の温度

こおり
はじめる

こおり
終わる

水　水と氷がまじっている　氷

時 間 （分）

こおり終わるまで，水の温度は，0℃のままだよ。

もっとくわしく 寒ざい…氷に食塩をまぜると，−20℃くらいの温度になります。このように低い温度にするものを**寒ざい**といいます。

なぜだろう？ p.132の2で，氷ができなかったのはなぜ？

答 ビーカーの氷水は0℃より低い温度にならないため，こおるほどまでに水を冷やさなかったからです。

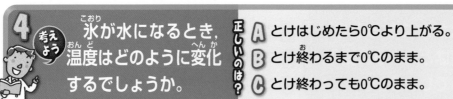

4 考えよう　氷が水になるとき，温度はどのように変化するでしょうか。

正しいのは？

Ⓐ とけはじめたら0℃より上がる。

Ⓑ とけ終わるまで0℃のまま。

Ⓒ とけ終わっても0℃のまま。

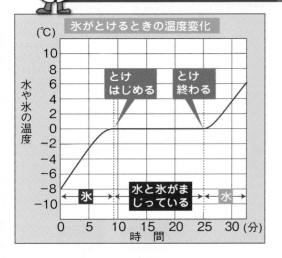

● 氷をあたためると，水にもどります。そのときの温度変化は，左の図のように，水が氷になるときの反対になります。

● つまり，氷は0℃になると，とけはじめます。そして，とけ終わるまで0℃のままです。

● 氷がとけ終わってすべて水になると，水の温度は上がりはじめます。

答 Ⓑ

5 考えよう　水が氷になると，体積はどうなるのでしょうか。

正しいのは？

Ⓐ 体積は変わらない。

Ⓑ 体積がふえる。

Ⓒ 体積がへる。

● こおらせる前の水と，こおらせた後の氷の水面の高さをくらべると，氷のほうが少し水面が高くなっています。つまり，水がこおると体積がふえることがわかります。

● 水が氷になると，体積は水1に対して，氷は1.1くらいになります。

● 水が氷になっても，全体の重さは変わらないので，同じ体積の水と氷の重さをくらべると，氷のほうが少し軽くなっています。水に氷がうくのはそのためです。

答 Ⓑ

たいせつポイント

水は0℃でこおりはじめ，こおり終わるまで0℃のまま。

氷は0℃でとけはじめ，とけ終わるまで0℃のまま。

3 水のすがたと温度

考えよう 氷を熱し続けるとどうなるでしょうか。

正しいのは？
Ⓐ 水にはなるが水じょう気にはならない。
Ⓑ 水になって，さらに水じょう気になる。
Ⓒ 水にはならずに，水じょう気になる。

⚫ 氷を熱し続けると，とけて水になります。さらに熱し続けると，水が水じょう気になります。そのとき，温度は右のように変化します。

⚫ このように，水は温度によってすがたを変えます。

① 水は，温度が100℃になるとふっとうして，**水じょう気**になります。

② 反対に，温度が0℃より低くなると，**氷**になります。

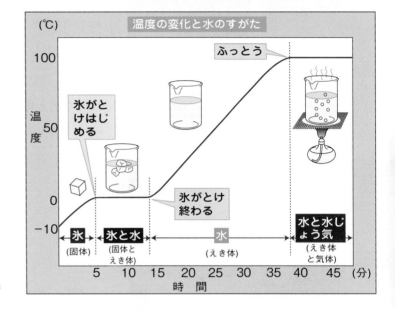

温度の変化と水のすがた

（℃）

100　ふっとう

温度 50

氷がとけはじめる

0　氷がとけ終わる

-10

氷	氷と水	水	水と水じょう気
（固体）	（固体とえき体）	（えき体）	（えき体と気体）

5　10　15　20　25　30　35　40　45　（分）

時間

⚫ 水のようなすがたのものを**えき体**，水じょう気のようなすがたのものを**気体**，氷のようなすがたのものを**固体**といいます。

⚫ 水は，ふつうの温度ではえき体ですが，温度によって，下の写真のように気体や固体へと変化するのです。　**答 Ⓑ**

水がえき体なのは，水の温度が0℃〜100℃のときだよ。

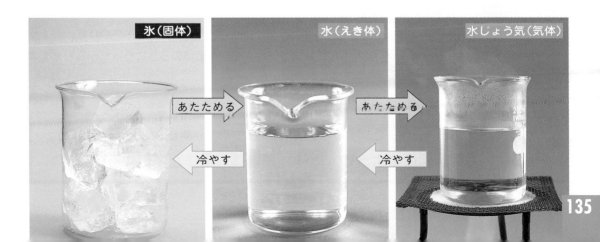

氷（固体）　→あたためる→　水（えき体）　→あたためる→　水じょう気（気体）

←冷やす←　　←冷やす←

135

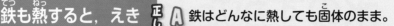

2 考えよう 鉄も熱すると，えき体や気体になるのでしょうか。

正しいのは？

A 鉄はどんなに熱しても固体のまま。

B えき体にはなるが，気体にはならない。

C 固体→えき体→気体と変化する。

ろう

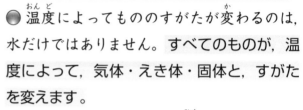

鉄

◯ 温度によってもののすがたが変わるのは，水だけではありません。**すべてのものが，温度によって，気体・えき体・固体と，すがたを変えます。**

◯ **もののすがたは，温度が低いと固体**で，温度が高くなると**えき体**となり，さらに温度が高くなると**気体**になります。

◯ もののすがたが変わる温度は，ものによってちがいます。

①**ろう**は，ふつうの温度では固体ですが，45～60℃くらいでえき体になります。

②**鉄**は，ふつうの温度では固体ですが，1500℃くらいでえき体になります。

③**アルコール**は，ふつうの温度ではえき体ですが，80℃くらいで気体になります。

④**空気**は，ふつうの温度では気体ですが，－190℃くらいでえき体になります。

答 **C**

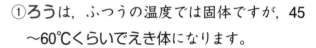

もっとくわしく ろうそくのもえ方…ろうそくのしんに火をつけると，その熱で固体のろうがとけてえき体のろうになります。そして，えき体のろうは，しんを伝って上へのぼり，じょう発して気体のろうになってからもえます。

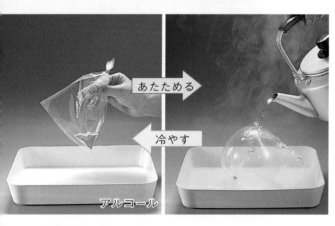

あたためる

冷やす

アルコール

たいせつポイント 水は，100℃で水じょう気になり，0℃より低いと氷になる。ものは温度によって，固体，えき体，気体と変化する。

❶ 水をこおらせる実験について，次の問いに答えなさい。

(1) 次のア，イのうち，試験管の中の水がこおるのはどちらですか。

（　　　）

ア　水　細かくくだいた氷

イ　細かくくだいた氷と食塩

(2) (1)で答えたほうの試験管のまわりの温度はどれくらいですか。次のア～ウから1つ選び，記号を書きなさい。

（　　　）

ア　0℃より高い温度

イ　ほぼ0℃

ウ　0℃より低い温度

(3) (1)で答えたほうの試験管内の水がこおっているときの温度はどうなっていますか。次のア～ウから1つ選び，記号を書きなさい。（　　　）

ア　温度は下がっていくが0℃までは下がらない。

イ　温度は0℃のまま変化しない。

ウ　温度は0℃より下がっていく。

(4) 試験管内の水がすべてこおったあともそのままにしておくと，温度はどうなりますか。(3)のア～ウから1つ選び，記号を書きなさい。

（　　　）

❷ 下の図は，フラスコ内の氷を熱し続けたときの温度変化をグラフにしてあらわしたものです。これについて，あとの問いに答えなさい。

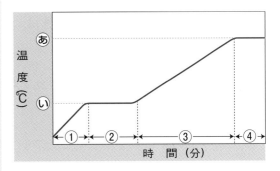

(1) 図の中のあといの温度は，それぞれ何℃ですか。　あ（　　　℃）

い（　　　℃）

(2) 図のあの温度になったとき，フラスコ内はどのようになっていますか。次のア～ウから1つ選び，記号で答えなさい。　（　　　）

ア　小さなあわがかべについている。

イ　大きなあわが底から出ている。

ウ　何も変化は見られない。

(3) (2)のようなじょうたいを，何といいますか。　（　　　）

(4) 図の中の①～④のとき，どのようなすがたをしていますか。それぞれ次のア～オから1つずつ選びなさい。　①（　　　）②（　　　）

③（　　　）④（　　　）

ア　氷　　イ　水　　ウ　水じょう気

エ　氷と水　　　オ　水と水じょう気

1 コップに氷水を入れてしばらく置いておいたところ，コップの表面に水てきがつきました。このことについて，次の問いに答えなさい。

[6点ずつ…合計18点]

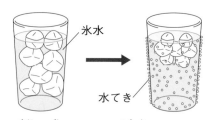

氷水
水てき

(1) コップの表面についた水てきは，空気中にあった何が冷やされて変化したものですか。
〔　　　　　〕

(2) このように，氷水を入れたコップの表面に水てきがつくことを何といいますか。
〔　　　　　〕

(3) コップの中に氷をふやすと，コップの中の水をこおらせることはできますか。
〔　　　　　〕

2 右の図のようにして，フラスコ内の水を熱しました。これについて，次の問いに答えなさい。

[5点ずつ…合計40点]

(1) ガラス管の先から出ている，目には見えないアを何といいますか。
〔　　　　　〕

(2) イは白く見えます。これを何といいますか。
〔　　　　　〕

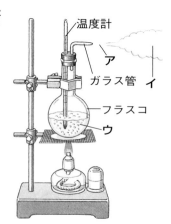

温度計
ア
ガラス管　イ
フラスコ
ウ

(3) アとイにそれぞれガラスぼうを置くと，ガラスぼうには何がつきますか。

アに置いたガラスぼう〔　　　　　〕
イに置いたガラスぼう〔　　　　　〕

(4) (3)を参考にして，次の文のうち，正しいものには○，まちがっているものには×と書きなさい。

① アとイはまったく別のもので，アを冷やしても熱してもイにはならない。
〔　　　　　〕

② イはアが空気中で冷やされてできたものである。
〔　　　　　〕

③ イを熱するとアになる。
〔　　　　　〕

(5) しばらく熱したあと，アルコールランプの火を止めて，フラスコの中の水の量を熱する前とくらべると，どうなっていますか。
〔　　　　　〕

3 右のグラフは，水を冷やしてこおらせたときの温度変化を表したものです。これについて，次の問いに答えなさい。 [合計42点]

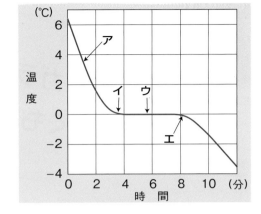

(1) 次の①〜④のような水のようすが見られるのは，右のグラフのア〜エのどのときですか。〔 〕に記号を書きなさい。 [各5点]

① 水と氷がまじっている。 〔　　　〕

② こおりはじめる。 〔　　　〕

③ まだ水のままである。 〔　　　〕

④ こおり終わる。 〔　　　〕

(2) このまま冷やし続けると，温度はどうなりますか。次のア〜ウから1つ選び，記号を書きなさい。 [5点] 〔　　　〕

ア これ以上下がらない。

イ さらに下がり続ける。

ウ こおったときの温度（0℃）にもどって，変化しなくなる。

(3) 冷やすのをやめると，しばらくして氷がとけはじめます。次のア〜ウのうち，冷やすのをやめて20℃の室内に置いたままにしたときの温度変化を正しく表しているものを1つ選び，記号を書きなさい。 [5点] 〔　　　〕

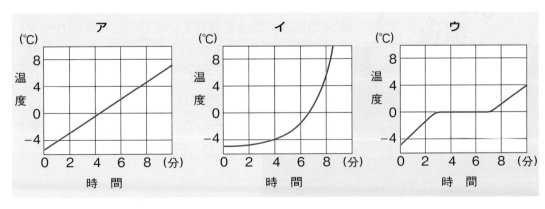

(4) (3)のようにして氷がとけているときの温度は何℃ですか。 [6点] 〔　　　℃〕

(5) (3)のとき，氷がとけ終わったのは，20℃の室内に置いてから約何分後ですか。 [6点] 〔　　　分後〕

まどガラス
のくもり

▷ 冬になると，自動車や電車のガラスがくもって，外が見えなくなります。寒い日の朝などは，とくにそうです。

▷ これは，自動車の中の空気中にふくまれている水じょう気が，冷たいまどガラスにふれて冷やされ，小さな水てきになってまどガラスについたものです。

▷ ところが，新かん線のまどガラスは，くもりません。これは，新かん線のまどガラスが二重になっていて，車内の空気が直せつ冷たいガラスにふれないため，水じょう気が水てきに変わることがないからです。

よう岩
と温度

▷ 火山がふん火すると，よう岩があふれ出ることがあります。よう岩が地上に出て来てすぐのときは，温度が1000〜1200℃もあり，どろどろのえき体のすがたをしています。

▷ よう岩は，地上を流れていくうちに，表面から少しずつ冷やされて固まっていきますが，中のほうは冷えにくく，中のほうがえき体のうちは流れ続けます。

▷ そして，全体が冷え固まると動かなくなり，石（固体）になります。

温度が下がると，固まるんだね。

140

▷ アイスクリームを買ってもち帰るとき，アイスクリームがとけないようにドライアイスを入れます。このドライアイスは，二さん化たんそという気体を固体にしたもので，固体からえき体ではなく，直せつ気体へと変わります。氷のように，とけてぬれることがないので，ドライアイス（かわいた氷）とよばれるのです。

▷ ドライアイスの温度はひじょうに低く，その温度は−79℃です。直せつ手でさわると低温やけどをするので，注意しましょう。

▷ ドライアイスがとけるとき，白いけむりがたくさん出ます。このけむりの正体は，空気中の水じょう気が冷やされて小さな氷のつぶになったものです。二さん化たんそではないので，まちがえないようにしましょう。

▷ 水はわたしたちの身のまわりで，いろいろとすがたを変えながらじゅんかんしています。

▷ 水面や地面からじょう発して空気中にまじった水じょう気は，上空で冷やされて細かい水や氷のつぶになり，雲やきりになります。

▷ 雲の中で氷のつぶが大きくなると，やがて雪になり，地上に落ちてきます。落ちてくるとちゅうで雪がとけると雨になります。

▷ 雪や雨となって地上にふってきた水は，ふたたびじょう発します。このように水はじゅんかんしているのです。

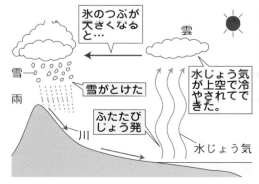

さくいん

この本に出てくるたいせつなことば

⑧

□ 編集協力　有限会社キーステージ 21　中村江美　平松元子

□ デザイン　福永重孝

□ 図版・イラスト　アトリエ・ウインクル　小倉デザイン事務所　藤立育弘　松田行雄　松見文弥　よしのぶもとこ

□ 写真提供　OPO　亀村俊二写真事務所　小松真一　日本気象協会

シグマベスト
**これでわかる
理科　小学4年**

本書の内容を無断で複写（コピー）・複製・転載することを禁じます。また，私的使用であっても，第三者に依頼して電子的に複製すること（スキャンやデジタル化等）は，著作権法上，認められていません。

編　者　文英堂編集部

発行者　益井英郎

印刷所　凸版印刷株式会社

発行所　株式会社文英堂

　〒601-8121　京都市南区上鳥羽大物町28
　〒162-0832　東京都新宿区岩戸町17
　（代表）03-3269-4231

●落丁・乱丁はおとりかえします。

Σ BEST
シグマベスト

これでわかる 理科 小学4年

くわしく
わかりやすい

答えと とき方

- ◎ 「答え」は見やすく，答えあわせをしやすいように，各ページの左側にまとめてあります。

- ◎ 「ここに気をつけよう」では，みなさんがまちがえやすい所をわかりやすく説明してあります。答えがあっていても，読んでください。

文英堂

1 生き物の春のくらし　本さつ10〜11ページの答え

答え

教科書のドリル　10ページ

❶ ウ，オ

❷ (1)イ
　(2)イ

❸ (1)エ
　(2)オ

❹ (1)1〜2cm くらい
　(2)子葉（しよう）

テストに出る問題　11ページ

1 ウ，カ

2 (1)ア
　(2)イ
　(3)① ○　② ×　③ ○

3 (1)子葉（しよう）
　(2)イ

ここ に 気 を つけよう

❶ アのヒマワリの花は夏（なつ），イのヘチマの実（み）は夏〜秋（あき），エの
アジサイの花は夏のはじめころ，カのアブラゼミが鳴く
のは夏，キのツバメのひなが飛（と）ぶのは夏です。

❷ (1)サクラ(ソメイヨシノ)は，はじめに花がさき，花が散（ち）
るころから，葉（は）が出はじめます。問題の図は，葉が出は
じめたころのサクラです。

❸ (1)テントウムシは，よう虫（ちゅう）と成虫（せいちゅう）のどちらともアブラム
シを食べます。
(2)ツバメは春（はる）になると，南（みなみ）の国（くに）から日本にやってきて，巣（す）
をつくり，たまごをうみ，ひなをかえして，飛べるよう
になるまで育（そだ）てます。

❹ (2)ヘチマの葉（は）で，はじめに出るだ円形（えんけい）の2まいの葉を，
子葉（しよう）といいます。なお，そのあとにつぎつぎに出てくる
深（ふか）い切（き）れこみのある葉を本葉（ほんば）といいます。

1 アのアブラゼミが鳴くのは，夏です。
イのエンマコオロギが鳴くのは，夏の終（お）わり〜秋です。
エのツバメが南（みなみ）の国（くに）へ帰（かえ）るのは，秋です。
オのトノサマバッタがたまごをうむのも秋です。

2 (1),(2)図のアは花のつぼみ，イは葉の芽（め）です。
(3)サクラ(ソメイヨシノ)は，はじめに花がさき，花が散
るころから葉がのびてきます。

3 (1)アは，はじめに出る子葉（しよう），イはそのあと出てくる新し
い葉です。
(2)子葉の間から新しい葉が出たあと，つぎつぎに新しい葉
が出てきて，数がふえます。それにつれて，草たけも高
くなっていきます。

2 気温の変化と水のゆくえ 本さつ 17,21 〜 23 ページの答え

答え

教科書のドリル　17ページ

❶ ア，エ，カ

❷ (1)ア　(2)ウ

❸ (1)ア…太陽の高さ
　　　イ…気温
　(2) 正午ごろ
　(3) 午後2時ごろ

❹ ①日の出の前
　②午後2
　③地面
　④大きい
　⑤小さい

教科書のドリル　21ページ

❶ (1)①高　②低　③低
　(2)①じゃり
　　②ア

❷ (1)ウ　(2)ア
　(3)①水じょう気
　　②水じょう気
　　③じょう発

テストに出る問題　22ページ

❶ (1) 百葉箱
　(2) 日光をきゅうしゅう
　　 しにくいため。
　(3) 1.2m 〜 1.5m
　(4) 地面からのてり返し
　　 を少なくするため。

ここに気をつけよう

❶ 気温とは，地面から 1.2 〜 1.5 m の高さの空気の温度のことです。風通しが悪いと，その場所だけがまわりと温度がちがうことがあります。また，温度計に直せつ日光が当たると，温度計だけがあたためられ，空気より高い温度をしめしてしまいます。

❷ (1)晴れた日は，日光によってあたたまりやすいので，気温の変化が大きくなります。
(2)雨やくもりの日は，雲が日光をさえぎるので，気温の変化が晴れの日より小さくなります。さらに雨の日は，くもりの日より雲があついので，より日光をさえぎります。

❸ 気温が太陽の高さよりおくれて午後2時ごろに最高になるのは，日光でまず地面があたためられ，その地面からの熱によって空気があたたまるのに時間がかかるからです。

❹ ①日光のない夜の間は気温が少しずつ下がりはじめ，朝，太陽が出てから気温が上がりはじめます。だから日の出の前のころが，気温が最も低くなります。

❶ (1)地面にふった雨水は，高いところから低いところへ流れていき，いちばん低いところや，地面がくぼんだところにたまります。
(2)地面にたまった水は，少しずつ地面にしみこんでいきます。そのとき，土のつぶが大きいほうがつぶとつぶの間にすきまがあって水が通りやすいので，水がはやくしみこみます。

❷ 水の表面からは，いつも水がじょう発していますが，ラップシートでおおって水じょう気が自由ににげられないようにすると，じょう発はほとんどおきません。

❶ (2)白色は日光を反しゃしてきゅうしゅうしにくいので，百葉箱の中があたたまるのをふせぎます。
(4)土やコンクリートの上などにたてると地面からのてり返しが強くなり，白葉箱の中の温度がまわりの空気の温度よりも高くなってしまいます。

❷ 雨やくもりの日には，空をおおった雲が日光をさえぎるので，地面まで日光があまりとどきません。そのため，晴

2 (1)ア…雨　イ…晴れ
(2)①雲　　　②日光
③上がり　④小さい
3 (1)上がる
(2)①正午ごろ
②約48度
(3)約2時間　(4)ア
4 イ，ウ，エ

れの日よりも気温の変化が小さくなります。雨の日とくもりの日をくらべると，雨の日のほうが雲があつく，日光をよりさえぎるので，気温の変化がより小さくなります。

3 (1)地面が日光から受ける熱は，太陽が高くなるほど多くなるので，気温も上がります。

(3)，(4)気温は，日光のもつ熱が日光→地面→空気へと伝わって上がります。熱が伝わるのに少し時間がかかるので，太陽の高さが最高になったあとで，約2時間おくれて気温が最高になります。

4 アは，雨によってぬれただけなのでじょう発とは関係ありません。オは，しっ気とりが水じょう気をすったために重くなりました。カは，はく息の中にふくまれている水じょう気が小さな水てきに変化したためです。

3 電池のはたらき　本さつ31〜33ページの答え

答え

教科書のドリル　31ページ

1 (1)イ　(2)ア，ウ
(3)直列　(4)へい列
2 ①かん電池
②どう線
③スイッチ
④豆電球
⑤けん流計
⑥モーター
3 (1)ウ　(2)ア，イ

テストに出る問題　32ページ

1 (順に)どう線，＋極，
どう線，－極，回路，
電流
2 (1)エ，オ，キ
(2)カ，ク
(3)イ，ウ
(4)イ，ウ
(5)カ，ク

ここに気をつけよう

1 (1)かん電池を直列つなぎにして数をふやすと，回路を流れる電流が強くなります。

(2)かん電池をへい列つなぎにして数をふやしても，回路を流れる電流の強さは，かん電池1このときと変わりません。
2 かん電池の電気用図記号は線が長いほうが＋極をあらわしています。
3 直列つなぎは流れる電流が強くなりますが，へい列つなぎはかん電池が1このときと流れる電流の強さは変わりません。

1 電気の通り道を回路といい，回路が正しくつながれているとき，回路を流れる電気のことを電流といいます。
2 (1)エとオは，ちがう極どうしがまとめてつながれているため，へい列つなぎではなく，モーターは回りません。また，キは，かん電池の＋極どうしを直列のようにつないでいるので，電流は流れません。

(3)イとウは，形はちがっていますが，同じつなぎ方で，へい列つなぎです。

(4)かん電池を何こへい列につないでも，電流の強さはか

3 (1)イ
(2)0.4A

4 (1)ア
(2)変わる
(3)強くなる
(4)変わらない

ん電池が1こだけのときと同じなので, モーターの回転の速さも同じになります。

(5)かん電池を直列につなぐと, かん電池が1このときよりも強い電流が流れます。

3 (1)けん流計は, イのように, 回路の中へ直列につなぎます。そのとき, アのように, 豆電球やモーターをつながないでかん電池とけん流計だけで電流を流すと, けん流計に大きな電流が流れて, けん流計がこわれてしまいます。ぜったいに, やってはいけません。

(2)切りかえスイッチを豆電球側(0.5A)にたおすと, 最大の5の目もりが0.5Aをしめすことになるので, 書いてある大きな1目もりが0.1Aになります。だから, はりが4の所をさしていれば, 流れている電流は0.4A です。

4 (1),(2)電流はかん電池の＋極から出て, ー極に向かう向きに流れています。かん電池の向きを反対にすると, 回路を流れる電流の向きも反対になります。

(3),(4)直列つなぎは流れる電流が強くなりますが, へい列つなぎはかん電池が1このときと流れる電流の強さは変わりません。

4 生き物の夏のくらし 本さつ 41 〜 43 ページの答え

| 答え | ここ に 気 を つ け よ う |

教科書のドリル　41 ページ

1 イ, オ

2 (1)アゲハ
(2)イ
(3)ア

3 ウ

1 春に花をさかせたサクラ（ソメイヨシノ）は, 花が散るころから, 新しく出たえだや葉をのばしはじめます。そのため, 夏のころには, 花はもちろん散ってありませんが, 葉の緑色はこくなり, 葉の大きさが大きくなって, たくさんしげっています。

2 (2)アゲハのよう虫は, ミカン, カラタチ, サンショウなどの葉を食べます。キャベツやアブラナの葉を食べるのはモンシロチョウのよう虫です。

(3)夏になって気温が高くなると, 活動するこん虫の数はふえ, その活動も活発になります。

3 ヘチマの花には, おばなとめばなの2種類があり, めばなの子ぼう（花びらの下の太い部分）が実になります。また, ヘチマのくきは, 7月から8月にかけて最もよくのびます。

テストに出る問題　42ページ

1 (1)イ
(2)ア…マツバボタン
　イ…ヒメジョオン
　ウ…ヒマワリ
　エ…ツユクサ

2 (1)アゲハ
(2)アゲハ,
　ナナホシテントウ
(3)ウ

3 (1)×　(2)○　(3)×
(4)○　(5)×

4 (1)8cm　(2)イ　(3)イ

---

1 マツバボタンやヒマワリは花だんでよく見られます。また, ツユクサは道ばたやあき地などでよく見られます。

2 (1)成虫(親)が花のみつをすうものには, モンシロチョウやアゲハなどのチョウのなかま, ミツバチ, ハナアブ, カナブンなど, たくさんいます。
(2)アゲハとナナホシテントウなどのように, さなぎになってから成虫になるものは, よう虫のすがたと成虫のすがたとがまるでちがいます。
(3)ナナホシテントウのよう虫は, 成虫と同じようにアブラムシを食べます。

3 (1),(2)たまごからかえったツバメのひなは, 暑くなるころには大きく育っています。このころ巣に近づくと, ひなが親ツバメからえさをもらおうと, 黄色い口をあけて鳴いているのが見られます。
(3),(4)空を飛べるようになると, ひなは巣から出ますが, 自分でえさをとれるようになるまでは親からえさをもらいます。

4 (1)このグラフの1目もりは10cmです。ですから, 5月1日〜7日は, およそ8cmと読めます。
(2)7月1日から7日までの7日間に, 80cmのびています。ですから, 1日あたりでは,
　　80 (cm) ÷ 7 = 11.4… (cm)
より, 約11cmとわかります。
(3)グラフを見ると, 5月や6月は, 1週間で, およそ10cmくらいしかのびていません。けれども, 7月, 8月の夏のころになると, 1週間で80cmから90cmあまりものびているのがわかります。このことから, ア〜ウのなかでは, イがあてはまります。

---

5 月の形と動き　本さつ 51 〜 53 ページの答え

答　え

教科書のドリル　51ページ

1 (1)①東　②南　③西
(2)ま夜中
(3)①三日月　②満月
③新月

こ　こ　に　気　を　つ　け　よ　う

1 (1)どのような形の月でも, 東から出て南の空の高い所を通り, 西にしずみます。
(2)月は, 日によって, 見える形や, 同じ時こくに見える位置がちがいます。

(4)①ひとばんじゅう
　　②西
(5)白
❷イ
❸(1)三日月
　(2)イ
❹(1)ア…東　イ…南
　　ウ…西
　(2)②

テストに出る問題　52ページ

❶(1)○　(2)○
　(3)×　(4)○
　(5)×
❷(1)①ウ　②オ
　　③イ　④ア
　(2)①ア…東　イ…南
　　　ウ…西
　　②い
　　③約30日後
❸(1)①ウ　②イ
　(2)イ
　(3)イ
❹(1)⑤→⑥→①→④→
　　③→②→⑦→⑤
　(2)新月
　(3)④→③

❷左半分の半月がま南の空で見られるのは明け方です。また，どのような形の月でも，最も高くなるときの方位は南です。
❸(2)三日月は，夕方，太陽がしずんですぐのころ西の空の低い所に見えます。見えている時間は，ほんの2～3時間で，西にしずんでしまいます。
❹満月は，太陽が西のほうにしずむころ，東から出てきます。そして，南の空の高い所を通って，西にしずみます。このことから，満月が最も高い所にあるイの方位が南であることがわかります。イが南ならば，アが東で，ウが西です。

❶(3),(5)月は，日によって，同じ時こくに見える位置は変わりますが，動き方は変わりません。つまり，東から出て，南の空を通り，西にしずみます。
❷(1)①は三日月ですが，ウとエのどちらかでまようかもしれません。右下が光っているほう(ウ)が三日月で，左下が光っているほう(エ)は新月の2～3日前の月です。
②オの満月は，太陽が西にしずむころ東からのぼるので，ひとばんじゅう見ることができます。
③,④明け方，南の空に見られるのは左半分の半月で，夕方南の空に見られるのは右半分の半月です。
(2)午後8時には，満月はまだ東の空にあります。満月は，東から南へと右上のほうに上がっていきます。
❸右半分が光って見える半月は，夕方（午後6時ごろ）に南の高い空に見られ，少しずつかたむきを変えながらま夜中（午前0時ごろ）に西にしずみます。図の月は，かたむきから，その中間の南西あたりにあることがわかりますから，①は南で②は西ということになり，時こくも午後6時から午前0時の中間の午後9時ごろだと考えられます。
❹月は，満月のあと右側から欠けていき（⑤→⑥→①→④），すべて欠けて見えなくなったときを新月といいます。新月のあとは右側から光る部分が広くなっていき（③→②→⑦），ふたたび満月（⑤）にもどります。
（⑤→⑥→①→④→新月→③→②→⑦→⑤）

6 夏の空の星　本さつ 61 〜 63 ページの答え

答え

教科書のドリル　61 ページ

❶(1)○　(2)×　(3)×
❷(1)ア…はくちょうざ
　　イ…ことざ
　　ウ…わしざ
　(2)A…デネブ
　　B…ベガ
　　C…アルタイル
　(3)夏の大三角
❸イ
❹(1)北
　(2)北極星
　(3)ウ

テストに出る問題　62 ページ

❶(1)○　(2)×
　(3)×　(4)×
❷(1)さそりざ
　(2)アンタレス
　(3)イ
　(4)イ
❸(1)A…ベガ
　　B…デネブ
　　C…アルタイル
　(2)A…ことざ
　　B…はくちょうざ
　　C…わしざ
　(3)夏の大三角
　(4)ウ
　(5)ウ，エ，オ
❹(1)北極星
　(2)動かない。
　(3)あ

ここに気をつけよう

❶(2)星ざの位置や向きは，時間がたつと変わりますが，星のならび方は，時間がたっても変わりません。
(3)南の空やま上の空の星は，東から西に向かって動きます。
❷はくちょうざのデネブ，ことざのベガ，わしざのアルタイルの 3 つの星はどれも 1 等星で，夏の夜空にひときわ明るくかがやいています。また，この 3 つの星を結んでできる三角形を夏の大三角といいます。
❸東の空に見えるはくちょうざの星は，右上のほうに上がっていき，ま上を通って西へと動きます。
❹北の空にある北極星は，時間がたっても動きません。そして，北極星の近くにある星は，北極星を中心として，時計のはりと反対の方向に動きます。したがって，北極星のまわりの星が動く方向はウです。

❶(2)星の色は，星の表面の温度によってちがいます。温度の高い順に星の色をならべると，青白色，白色，黄色，だいだい色，赤色となります。
(3)星ざ早見を使って南の空の星を観察するとき，星ざ早見の南が下になるようにして星ざ早見を持ち，上にかざして，じっさいの星とくらべます。
(4)夏の大三角とは，デネブ，ベガ，アルタイルを結んでできる三角形のことです。
❷夏の夜，南の空の低い所には，さそりざが見られます。さそりざの 1 等星のアンタレスは赤い星で，表面の温度が低く，となりの白い星よりも低いです。
❸(4)東の低い空に見られる星は，そのあと南の高い空へ向かって右上に動いていきます。
(5)星ざをつくっている星は，そのままのならび方で動いて位置を変えます。そのとき，星ざの向きは少しずつ変化します。また，それぞれの星の明るさや色は，星によって決まっていて，動いても変化しません。
❹北の空の星は，北極星を中心として，時計のはりとは反対の向きに，1 日でほぼ 1 周します。

(4)①北極星
　　②反対
　　③もとと同じ

これは，北の空の星だけではなく，空全体の星について
もいえます。つまり，空全体の星はすべて北極星を中心
として時計のはりと反対の方向にまわっており，東や西
や南の空では，東から西へ動くように見えるだけなのです。

7 空気と水 本さつ 73 ～ 75 ページの答え

答　え

教科書のドリル　73ページ

❶ (1)イ　(2)ア
　 (3)イ
❷ (1)当たる前
　 (2)空気
　 (3)イ
❸ イ

テストに出る問題　74ページ

❶ (1)ふくらむ。
　 (2)空気
　 (3)紙コップの中
❷ (1)水
　 (2)空気
　 (3)空気
　 (4)水
❸ ①空気
　 ②大き
　 ③水

こ こ に 気 を つ け よ う

❶ (1), (2)ふくろや風船のかさが大きいほうが，たくさんの
空気が入っています。
(3)つつの中のしきりとしきりの間があいているほうが，た
くさんの空気が入っています。
❷ (1)あと玉をつつの半分くらいまでおしこむと，前玉が飛
び出します。あと玉は前玉に当たっていません。
(2)前玉とあと玉の間の空気がおしちぢめられて，前玉を
おし出します。
(3)前玉が飛び出すと，つつの中でおしちぢめられていた
空気も，前のあなからふき出すので，水の中であわにな
ります。
❸ おしぼうの長さが短すぎると，空気があまりおしちぢめ
られず，玉が飛びません。また，おしぼうの長さが長す
ぎると，あと玉までつつの先からおし出してしまいます。
よっておしぼうの長さは，つつの長さより少し短いぐら
いがいちばんよいのです。

❶ 紙コップをしずめると，紙コップの中の空気がおされる
ので，空気は紙コップの底にあけたあなを通り，ポリぶ
くろの中に入ります。それで，ポリぶくろがふくらみます。
❷ (1), (4)水は，ピストンでおしても，かさを変えることは
できません。したがって，おしている手をはなしても，ピ
ストンは動きません。
(2), (3)空気は，ピストンをおすと，かさが小さくなり，お
した手をはなすと，すぐにもとの位置までもどります。
❸ とじこめられた空気をおしちぢめるとき，かさを小さく
おしちぢめるにつれて手ごたえが大きくなります。

答え

4 (1)ア
(2)空気
(3)空気
(4)イ
5 (1)動く
(2)イ
(3)ア

---

4 (1), (2)紙コップを水の上にふせると，紙コップの中に空気がとじこめられます。この紙コップをしずめても，中に空気があるため，水は紙コップの中に入ることができません。(実さいには，空気がわずかにおしちぢめられるので，水はほんの少しだけ紙コップの中に入ります)。
(3), (4)紙コップの底にあなをあけておくと，空気がそのあなから外へ出ていくので，水は紙コップの中に入ります。
5 (1), (2)ピストンをおしても，水のかさは変わりませんが，空気はおしちぢめられるので，ピストンは動きます。
(3)手をはなすと，空気のかさがもとの大きさにもどるので，ピストンはもとの位置まであがります。

---

8 生き物の秋のくらし 本さつ 83 〜 85 ページの答え

答え

教科書のドリル　83 ページ

❶ サクラ…ア，エ
ヘチマ…イ，ウ

❷ エ，ク，ケ

❸ イ，オ，ク

❹ (1)カマキリ
(2)イ
(3)ウ

テストに出る問題　84 ページ

1 (1)× (2)× (3)×
(4)× (5)× (6)○
(7)○ (8)○ (9)×
(10)○

2 (1)ウ
(2)ア
(3)落葉じゅ

3 (1)ア
(2)イ，ウ，オ

ここ に 気 を つけ よう

❶ 秋になると，サクラの葉は赤く色づき，葉のつけねには，次の年の春に葉や花になる新しい芽ができています。
また，ヘチマは，葉も実もかれてしまいますが，実の中には黒いたねがたくさんできており，次の年の春になると，このたねから芽が出ます。

❷ サクラ・タンポポ・アブラナ・チューリップは春，アサガオ・アレチマツヨイグサは夏，ツバキ・ウメは冬の終わりから春のはじめに花をさかせます。

❸ ヒバリ・アゲハは春，カブトムシ・アブラゼミ・ホタルは夏によく見られます。

❹ 図は，カマキリがたまごをうみつけているところで，たまごをうみ終えたカマキリは，やがて死んでしまいます。

1 (1)は春〜夏，(2)は夏，(3)は春〜夏，(4)は夏，(5)は春〜夏，(9)は春のようすです。

2 (1)サクラなどの木は，秋になると，葉を落としはじめるとともに，えだののびもほとんど止まります。
(2), (3)サクラやイチョウなどのじゅ木は，秋から冬にかけてすべての葉を落とします。このようなじゅ木を落葉じゅといいます。

3 (1)ヘチマの実を輪切りにすると，中は3〜5つのへやに分かれていて，それぞれのへやにたくさんのたねが入っています。

4(1)ツルレイシ
 (2)ウ
 (3)イ

(2)秋になると，ヘチマの葉はかれ，実の皮の色も茶色になります。また，実の水分がなくなるので軽くなり，たねもじゅくして黒くなり，実をふるとカラカラと音がします。

4 ツルレイシの実も秋になると大きく育ち，だいだい色にじゅくしてきます。実がじゅくすと，先のほうがわれます。すると，実の中のたねが見えるようになり，しばらくすると，中のたねが地面に落ちます。このとき，実はくきについたままです。そのころになると，下のほうの葉からかれていきます。

9 ほねときん肉　本さつ **91〜93**ページの答え

答え

教科書のドリル　**91**ページ

❶(1)関節
 (2)じん帯
 (3)指，ひざ，ひじ，かた　などから１つ
❷(1)① せぼね　② ろっこつ
 (2)① ア　② ウ
❸(1)ア
 (2)イ
 (3)けん
❹ イ，エ

テストに出る問題　**92**ページ

1(1)こっかく
 (2)約 200 こ
 (3)きん肉　(4)イ
2(1)ア
 (2)ア，とうこつ
 　　ウ，ろっこつ
 　　オ，こつばん

こ こ に 気 を つ け よ う

❶(1)ほねとほねのつなぎ目の部分を関節といい，折り曲げたりまわしたりすることができます。
 (3)関節は指，ひざ，ひじ，かたなどにあります。

❷(2)せぼねはからだをささえ，ろっこつは心ぞうやはいを守っています。のうを守るのは，頭のほねであるとうこつです。

❸(1),(2)うでを曲げるとき，うでを曲げるきん肉(ア)がちぢみ，うでをのばすきん肉(イ)がのびます。これに対して，うでをのばすときは，うでをのばすきん肉(イ)がちぢみ，うでを曲げるきん肉(ア)がのびます。

❹ わたしたちのからだのほねは，はたらきにおうじて形や大きさがちがいます。また，ほねとつながっているきん肉は両はしが細くてまん中がふくらんだ形をしていて，両はしはけんでほねとつながっています。

1(1),(2)わたしたちのからだは，約 200 あまりのほねが組み合わさって，こっかくをつくっています。
 (4)きん肉がちぢむと，かたくなります。

2(1)力を入れるとかたくなるのはきん肉であり，関節ではありません。
 (2)関節があるのは，指・ひざ・かた(イ)・ひじ(エ)などで，自由に折り曲げたりまわしたりすることができます。
 (3)ろっこつは心ぞうやはいを守っています。

(3)ウ

3 (1)関節　(2)C

　(3)のびる

　(4)かたくなっている

　(5)a…ア　b…エ

　(6)c…カ　d…ク

　(7)けん

4 (1)ア…○　イ…○

　　ウ…×　エ…×

　(2)とうこつ

3 (2)うでをのばすときは，うでをのばすきん肉(C)がちぢみ，うでを曲げるきん肉(B)がのびます。

(3)Bのきん肉がちぢむときというのは，うでを曲げるときで，このとき，Cのきん肉はのびます。

(5), (6)きん肉B，Cがどちらともかたのほねと，うでを曲げるときに動くほねにつながっています。

4 (1)イヌ，ウサギ，ハトのどれにもせぼね，関節があります。また，これらの動物はそれぞれちがう長さと形のほねをもっています。

(2)のうを守るのはとうこつです。

10 物の体積と温度 本さつ 101,107 ～ 109 ページの答え

答え

教科書のドリル　101ページ

❶ (1)ふえたから。

　(2)イ

❷ ウ

❸ (1)×　(2)○

　(3)×

❹ (1)① 空気の量

　　② ガスの量

　(2)②

　(3)青色

教科書のドリル　107ページ

❶ (1)ア

　(2)（順に）イ，ウ，オ

❷ ウ

❸ ア

❹ (1)ア

　(2)（順に）ふえ，軽，

　　上，上が

ここ に 気 を つ け よ う

❶ (1)試験管の口をせっけん水のまくでふさぐと，中に空気がとじこめられます。それが，湯によってあたためられ，体積がふえます。

(2)湯から出すと冷えるので，体積はもとにもどります。

❷ 水の場合も空気と同じように，あたためられると体積がふえます。そして，ガラス管の中をのぼるので，水面の位置ははじめより高くなります。

❸ (1)アルコールの量は8分目以上のものを使います。

(3)火は，ふたをななめ上からかぶせて消します。

❹ (2), (3)②のガスのねじを開いてから火をつけ，①の空気のねじを開いて，ほのおの色が青色になるように，空気の量を調節します。

❶❷ 金ぞくぼうの場合，熱は，熱した所から順に遠い所へと伝わっていきます。鉄板の場合も，熱は，熱した所から順に伝わっていくため，ア→イ→ウの順に伝わります。

❸ 水は，あたためられて温度の高くなったものが上へいくうちに，全体があたためられます。そのため，はじめのうちは，上のほうが温度は高くなっています。

❹ 電熱器によってあたためられた空気が上に上がる空気の流れができます。

1 (1)エ
　(2)エ
　(3)温度

2 (1)熱したとき
　(2)ふえている。

3 (1)ア，イ，ウ，エ
　(2)ア
　(3)ア
　(4)（順に）順，熱，高，
　　　上，低，下

4 (1)ア
　(2)ふえる。
　(3)水

1 水も空気も，熱せられて温度が高くなると体積がふえ，冷やされて温度が低くなると体積がへります。ふえたりへったりするわりあいは，水よりも空気のほうが大きいです。

2 金ぞくも水や空気と同じように，熱せられると体積がふえます。そのため，はじめは輪を通りぬけていた金ぞくの玉も，熱すると体積がふえて大きくなるので，通りぬけられなくなります。しかし，玉が冷えると体積がもとにもどり，また通りぬけられます。

3 (1)この場合，熱は金ぞくのぼうの上へも下へも同じように伝わるので，ろうは全部とけて落ちてしまいます。
　(2)この場合，熱は，熱している所を中心にして，円をえがくように伝わっていきます。
　(3)水は，あたためられた水と，まだあたためられていない水とが入れかわるようにして，全体の温度が上がります。そのため，イやウのような方法では，ほのおの当っている所より下の部分の水が入れかわらないので，その部分の水はいつまでも冷たいままです。

4 (1),(2)電熱器の上の空気はあたためられているので，体積がふえて軽くなり，上へ上がっていきます。そのため，紙テープは上のほう（アのほう）へ動きます。
　(3)空気や水は，あたためられた空気や水が同じ動き方をしてあたたまっていくのに対して，金ぞくは熱しているところから順にあたたまっていきます。

11 生き物の冬のくらし　本さつ116〜117ページの答え

答え

ここ に 気 を つ け よ う

1 (1)○　(2)×　(3)×
　(4)○　(5)×

2 ウ

3 (1)イ　(2)ア

4 よう虫…コガネムシ
　成虫…テントウムシ

1 (2)は，夏のころのことで，イチョウの葉は，秋になると黄色く色づき，冬には葉を落とします。
　(3)は，春のころのことです。
　(4)の芽は，冬芽とよばれているものです。
　(5)は，春から夏のころのことで，秋から冬になると，新しくのびた部分も茶色になり，前の年にのびた部分と見分けがつかなくなります。

❷ タンポポは，葉をつけたまま冬をこします。葉は，地面にくっつくようにして，いっぱいに広げています。

❸ カマキリは，このようなたまごのかたまりで冬をこし，春には，たくさんのよう虫がふ化します。

❹ オビカレハ，エンマコオロギ，スズムシ，オオカマキリはたまごで，モンシロチョウとアゲハはさなぎで，それぞれ冬をこします。

テストに出る問題 117ページ

1 (1)ア
(2)ウ
(3)エ

2 (1)キ
(2)オ
(3)ア
(4)カ
(5)イ
(6)エ
(7)ウ

1 (1), (2)サクラの葉が落ちるとき，葉のつけ根には，すでに芽が出ていて，この芽で冬をこします。これが冬芽です。冬芽は，春になってあたたかくなると大きくふくらみ，そこから花や葉が出てきます。
(3)タンポポは葉を地面に広げて冬をこし，ヒマワリやアサガオはたねで冬をこします。

2 (2)さなぎで冬ごしするのは，モンシロチョウやアゲハなどのチョウのなかまです。
(3)冬，北の国から日本にわたってくる鳥を冬鳥といいます。ハクチョウやカモなどがそのなかまです。
(4)土の中へうみつけられたたまごで冬をこすものには，コオロギ，スズムシ，バッタなどがいます。
(6)カマキリは，あわの中へたまごをうみつけ，それがかたまったじょうたいで冬をこします。
(7)カエルは土の中に入って冬みんをします。

12 冬の空の星
本さつ 124 〜 125 ページの答え

答え

ここ に 気 を つけ よう

教科書のドリル 124ページ

❶ (1)(順に) オリオン，おおいぬ，こいぬ
(2)(順に) ベテルギウス，リゲル
(3)ない
(4)カシオペヤ

❷ ①プロキオン
②ベテルギウス

❶ (3)夏のころ，南の低い空に見られたさそりざは，冬になると見られなくなります。
(4)夏の午後10時ごろ，北極星の東側に見られたカシオペヤざは，冬の午後10時ごろは，北極星の西側に見られます。

❷ オリオンざのリゲルは，青白く光る1等星ですが，冬の大三角をつくる星ではありません。

❸ (1)オリオンざは，ま東から出て南の空を通ってま西にしずみます。問題のオリオンざの方位は南なので，アが東，

③こいぬ　　④オリオン
⑤シリウス　⑥リゲル
⑦おおいぬ

❸(1)イ　(2)ウ

❹(1)○　(2)×　(3)○

テストに出る問題 125ページ

❶(1)ア…C　イ…A
　　ウ…B
　(2)A…オリオンざ
　　B…おおいぬざ
　　C…こいぬざ
　(3)a…ベテルギウス
　　b…リゲル
　　c…シリウス
　　d…プロキオン
　(4)赤色の星…a
　　青白色の星…b

❷(1)カシオペヤざ　(2)イ

イが西です。したがって，イのほうへ動きます。
(2)赤色なのは，ウのベテルギウスです。

❹(2),(3)冬になっても，動かない星は北極星だけで，北の空の星は，北極星のまわりを時計のはりとは反対の向きにまわります。

❶(1)〜(3)冬の大三角は，ま南にくると，さか立ちした正三角形のような形になります。このとき，おおいぬざ(B)のシリウス(c)がま南の低い空(ウ)にあります。それより少し高い所の東側(ア)にこいぬざ(C)のプロキオン(d)があり，西側(イ)にオリオンざ(A)のベテルギウス(a)があります。オリオンざのもうひとつの1等星であるリゲル(b)は，少し低い所に見られます。
(4)ベテルギウスは赤色の1等星，リゲルは青白色の1等星です。

❷カシオペヤざなどの北の空の星は，北極星を中心に，時計のはりとは反対の向きにまわります。

13 水のすがたの変わり方　本さつ131，137〜139ページの答え

答え	ここ に 気 を つけ よう

教科書のドリル 131ページ

❶(1)水の中にとけていた空気
　(2)ふっとう
　(3)水じょう気
　(4)100℃
　(5)変わらない。
　(6)へっている。

❷ア…○　イ…×　ウ…○

❸(1)ふえる。
　(2)しぼむ。

❶(1)60℃近くになると，水にとけていた空気がとけきれなくなって小さなあわとなって出てきます。
(2)〜(5)水を熱し続けると，よう器の底のほうから大きなあわが出るようになり，まもなくふっとうします。この大きなあわは，水じょう気です。このときの温度は約100℃で，さらに熱し続けても，これ以上温度は上がりません。
(6)たくさんの水が水じょう気となって出ていくので，フラスコ内の水の量はへっています。

❷湯気は目に見えますが，水じょう気は目に見えません。

❸(1)水が水じょう気になると，体積はおよそ1700倍になります。ぎゃくに，水じょう気が水にもどると，体積がへり，ふくろはしぼみます。

教科書のドリル　137ページ

❶(1)イ　(2)ウ　(3)イ
　(4)ウ

❷(1)⑤…100℃
　　　①…0℃
　(2)イ
　(3)ふっとう
　(4)①ア　②エ
　　　③イ　④オ

テストに出る問題　138ページ

❶(1)水じょう気
　(2)結ろ
　(3)できない。

❷(1)水じょう気
　(2)湯気
　(3)(どちらも)小さな
　　　水てき
　(4)①×　②○
　　　③○
　(5)へっている。

❸(1)①ウ　②イ
　　　③ア　④エ
　(2)イ
　(3)ウ
　(4)0℃
　(5)7分後

❶(1),(2)アでは試験管のまわりの氷はとけはじめますが,試験管の中の水はこおりません。これに対してイでは, 食塩がまざった氷水の温度が0℃より低くなるので, 試験管の中の水がこおります。
(3),(4)水がこおっている間は, 0℃のままですが, こおってしまうと, さらに温度を下げることができます。

❷(1)氷がとけるときの温度(①)は0℃で, 水がふっとうするときの温度は(⑤)は100℃です。
(2),(3)水がふっとうしているとき, 大きな水じょう気のあわが底からたくさん出ています。
(4)②は, 氷がとけはじめてから, とけ終わるまでの間で,このときは水と氷がまざっています。④はふっとうがはじまってから, 水と水じょう気がまざっています。

❶(1)氷を入れたコップの表面は冷たいので, 空気中の水じょう気がコップの表面で水てきになります。
(2)空気中の水じょう気が冷たいものの表面で水てきになることを結ろといいます。冬に, まどガラスが水てきでくもるのも結ろといいます。
(3)コップの中に, たくさん氷を入れても, コップの水は0℃より低くなることはないので, 水はこおりません。

❷(1),(2)ガラス管から出てすぐの所では水じょう気(ア)ですが, すぐに冷えて小さな水てき(湯気)(イ)になります。水じょう気は目に見えませんが, 湯気は白く見えます。
(3)水じょう気(ア)もガラスぼうにふれると, 冷やされて, 小さな水てきになり, ガラスぼうにつきます。もちろん, 小さな水てきである湯気(イ)もガラスぼうにつきます。
(5)水じょう気になって出ていったぶんだけ, 水の量はへっているはずです。

❸(1)水は0℃でこおりはじめ, すべての水がこおり終わるまで0℃のままです。そして, すべてがこおってしまうと, また温度が低くなっていきます。グラフでは, イがこおりはじめの点, エがこおり終わった点にあたります。
(2)こおり終わったあとは, 冷やすほど0℃より温度が低くなっていきます。
(3)〜(5)氷がとけるときの温度の変わり方は, 氷ができるときのちょうど反対になります。つまり, 0℃でとけはじめ, すべての氷が水になるまで0℃のままです。そして, すべてがとけてしまうと, 温度が上がっていきます。

⑧